建筑工程物资管理与控制

马高峰　著

河北科学技术出版社
·石家庄·

图书在版编目(CIP)数据

建筑工程物资管理与控制 / 马高峰著. -- 石家庄 : 河北科学技术出版社, 2023.12

ISBN 978-7-5717-1680-6

Ⅰ. ①建… Ⅱ. ①马… Ⅲ. ①建筑工程－物资管理 Ⅳ. ①TU712

中国国家版本馆 CIP 数据核字(2023)第 140883 号

建筑工程物资管理与控制

JIANZHU GONGCHENG WUZI GUANLI YU KONGZHI

马高峰

责任编辑 李 虎
责任校对 徐艳硕
美术编辑 张 帆
封面设计 张田田
出版发行 河北科学技术出版社
地　　址 石家庄市友谊北大街 330 号(邮政编码:050061)
印　　刷 河北万卷印刷有限公司
开　　本 787mm×1092mm 1/16
印　　张 9.75
字　　数 171 千字
版　　次 2023 年 12 月第 1 版
印　　次 2024 年 1 月第 1 次印刷
书　　号 ISBN 978-7-5717-1680-6
定　　价 80.00 元

前言

物资构成了工程项目的实体，物资质量决定着工程项目实体的质量。随着经济的不断发展，社会的不断进步，大型建筑企业对工程物资管理的价值贡献、物资供应的响应速度和保障能力提出了更高的要求，物资管理已成为企业提升核心竞争力、打造品质工程的主抓手和着力点。

物资管理是企业管理的重要环节，物资管理是否科学合理，直接影响到企业的成本控制，关系着企业的生存与发展。建筑施工企业要在竞争激烈的建筑市场中求生存、谋发展、创效益，成本控制是关键。建筑市场的竞争实践证明，工程项目物资管理已成为建筑企业成本控制的一个关键环节和决定企业经济效益的重要因素。

本书首先概述了建筑工程物资管理，接着分别对建筑工程物资的采购管理、建筑工程物资的库存管理与控制、建筑施工现场物资管理等进行了全面分析，最后对建筑工程物资的检测及应用进行了全面探讨。希望通过本书的介绍，能够为读者提供建筑工程物资管理与控制方面的帮助。

本书主要汇集了笔者在工作实践中取得的一些研究成果。在撰写过程中，笔者参阅了相关文献资料，在此谨向其作者深表谢忱。

由于水平有限，加之时间仓促，书中难免存在一些不足和疏漏，敬请广大读者批评指正。

目　录

第一章　建筑工程物资管理概述

第一节　建筑工程物资管理的基础理论

一、建筑工程物资管理的概念

物资是物质资料的简称，广义上既包括可以直接满足人们需要的生活资料，又包括间接满足人们需要的生产资料；狭义上是指企业在生产经营过程中所消耗的各种生产资料。物资按在生产中的作用可分为主要原材料、辅助材料、燃料、动力、配件、工具；按化学成分可分为无机材料（金属材料、非金属材料）、有机材料（植物材料、沥青材料、合成高分子材料）、复合材料；按自然属性可分为金属材料、非金属材料、机电产品。对施工企业而言，"物资"是指用于工程的原材料、燃料、工程器材、民用爆破器材、一次转值的机电产品、大型结构件、周转材料及其他材料等。

物资管理的概念有广义与狭义之分。广义的物资管理是指从资源资料形成物资产品、物资消耗殆尽（物资失去使用价值）到残余物资处理完毕整个过程的管理；狭义的物资管理是指物资进库到物资出库的管理。

建筑工程物资管理具体是指企业在生产过程中，对本企业所需物资的采购、运输、验收、保管、发放、使用、核算等一系列行为进行计划、组织、控制管理工作的总称。简单地说，就是以最低的材料成本，保质、保量、及时、配套地供应施工生产所需物资，并监督和促进物资的合理使用。本书以下内容所称物资及物资管理均指建筑企业的工程物资及工程物资管理。

二、建筑工程物资管理的意义

物资管理是企业施工生产的重要组成部分，它直接影响着工程成本、工程质量和经济效益，与企业的生存和发展有着密切的关系，是保证生产发展和提高经济效益的重要环节。施工企业的物资管理包括物资前期管理、物资计划管理、物资采购管理、物资使用、物资储备和物资核算管理等重要环节，这些环节环环相扣、相互影响，任何一个环节出现问题，都会对企业的物资供应造成不良影响。做好物资管理工作，可以保证施工生产任务按计划完成，降低工程成本，保证工程质量，更好地利用流动资金。物资管理已经成为现代企业管理的重要组成部分，成为企业成本控制的利器，成为企业生产经营正常运作的重要保证，成为企业发展与壮大的重要基础。

三、建筑工程物资管理的任务

物资管理的主要任务是贯彻执行国家相关政策、法律法规和上级有关物资管理规定，认真完成物资采购供应管理方案编制、物资计划统计、采购供应、核算核销及物资档案等管理工作，实现供应物资及时齐备、质量合格、经济合理的目的。即以施工生产为中心，经济合理地组织物资资源，以最低的采购成本、最优的物资质量、最佳的供应方式保障施工生产的物资需求。具体任务如下。

(1)保证物资及时供应。广泛进行市场调查，了解市场信息，熟悉物资供应渠道及施工地点的物资资源情况；根据施工进度安排，准确编制各种物资计划，安排采购，组织进货，做到供应及时；深入工地，了解工程进度，及时掌握现场物资的余缺情况，既要适时、适量、适质、适价、适地的保证供应，又要防止因超供积压而造成不必要的浪费，还要做到工完料净场地清。

(2)保证物资质量。合格的材料是创建优质工程和合格工程的前提。按照ISO9001质量管理体系的要求和方法筛选合格供应商，达到对材料的质量控制；材料人员熟悉产品标准，要求供方提供的产品必须符合具体的产品标准。

(3)降低物资成本。材料费一般占工程成本的60%左右，如果加上不在“预算材料费”中的物资消耗，所占比重会更大，对材料费成本的控制是施工企业成本控制的重点。控制材料费成本，主要通过控制“物耗”和控制“物价”来实现。

四、建筑工程物资管理的内容

物资管理的内容涉及两个领域、三个方面和十四个业务。两个领域指物资流通领域和生产领域。三个方面包括质的管理、量的管理、价的管理。这里的质是指所供应物资的产品质量，量是指物资的使用数量，价是指物资的采购价格。也就是说在保证工程质量的前提下，控制物资的使用数量，力争在物资消耗上做到少投入；同时控制采购价格，力争在采购资金上做到少投入。十四个业务是指物资前期管理、计划管理、供应商管理、采购管理、合同管理、供应管理与运输管理、验收入库管理、现场与仓储管理、出库管理、核算管理、信息管理、档案管理、统计管理、监察考核评价及奖惩等基本内容。

五、建筑工程物资管理的宗旨

物资管理工作要以优质服务为宗旨，以保障供应为中心，以强化管理为重点，以提高效益为目标，遵守职业道德，严守物资纪律。做到采购招标制度化、业务程序规范化、管理手段科学化、物资管理标准化。

六、建筑工程物资管理的原则

物资管理要坚持从生产出发，为生产服务，全力解决施工生产对物资的需要；坚持质量第一，确保为施工生产建设提供合格物资；坚持管供、管用、管节约；做到计划有依据、供应有道理、消耗有核算、节超有分析；采购储运讲求经济效益，做到周转快、资金利用率高、采购成本低、储运费用省，以提高企业的整体效益。

第二节　建筑工程物资管理的任职条件、职业道德和岗位职责

一、物资岗位人员任职条件

（一）项目物资部部长任职条件

(1)物资管理相关专业，大专以上学历，中级以上职称，三年以上物资管理工作经验。

(2)熟悉项目物资采购及管理的相关规定。

(3)具备良好的道德修养，谈判能力，文字、语言表达能力；具备与物资管理相关的法律、法规知识。

(4)具备丰富的物资管理经验、独立管理项目物资工作的能力、良好的沟通能力及组织协调能力，能够组织本部门人员有效开展工作。

(5)能够参与项目施工组织设计施工方案，制订计划，编制优化物资采购供应管理方案，提高资金的利用率。

(6)能够科学地组织、管理项目施工物资的采购、进场、验收、检验、存放、保管、使用和核算。

(7)有一定的计算机应用基础，能够使用日常的办公软件及物资管理软件。

(8)具有良好的职业道德,爱岗敬业,廉洁奉公,诚实守信。

(二)项目材料员任职条件

(1)物资相关专业,中专或以上学历,持有材料员岗位资格证书。

(2)熟悉项目物资采购及管理的相关规定。

(3)有项目物资管理经验和一定的业务能力,有良好的沟通能力。

(4)熟悉各种材料的特性、规格、产地、品名、质量和价格。

(5)具有团队精神,善于表达,精于沟通,能吃苦耐劳,责任心强,能按照现场需要及时完成物资计划编制、物资采购、物资验收、现场材料管理、统计核算等工作。

(6)有一定的计算机应用基础,能够使用日常的办公软件及物资管理软件。

(7)具有良好的职业道德,爱岗敬业,廉洁自律,诚实守信。

二、物资从业人员职业道德

物资管理人员从事材料的计划、采购、验收、储存、发放、使用等环节的管理工作,是保证建设工程质量的根本,责任重大。物资人员应奉公守法、公正无私、道德品质高尚、诚实认真,具有强烈的责任感和事业心;具有一定的专业技术、经济管理等方面的知识;具有谈判经验和协调沟通能力;熟悉材料的质量要求、特性和来源以及产品的构成。物资人员应热爱本职工作,爱岗敬业,工作认真,一丝不苟,遵纪守法,模范地遵守以下职业道德规范。

(1)遵章守纪,不违规操作和违法乱纪。

(2)诚实守信,不违约行事和弄虚作假。

(3)爱岗敬业,不玩忽职守和推诿扯皮。

(4)廉洁自律,不收受贿赂和谋求私利。

(5)坚持学习,努力学习专业技术知识。

(6)提高技能,不断提高自身业务水平。

(7)参与企业管理,控制材料成本。

(8)强化服务,树立服务意识,提高服务质量。

三、集团公司物资管理部门职责

(1)贯彻执行国家及地方有关物资管理的政策、法律法规和上级有关物资管理规定；负责制订集团公司物资管理办法及相关制度，并监督实施。

(2)全面负责集团公司范围内的物资管理工作，不断推动物资管理工作的持续改进。

(3)负责指导集团公司大型工程(投资金额10亿元及以上)项目物资采购供应管理方案的制订并组织评审。

(4)负责审批直属指挥(项目)部、工程公司上报的物资需用计划，向股份公司上报集采物资计划；依据采购权限，组织开展权限范围内物资的集中招标采购、合同洽谈、评审、签订工作，并根据实际情况授权采购；参与和指导下级单位组织物资集中招标采购，执行招标结果；组织对所属单位签订的主要物资购销合同，即直属项目签订的50万元(含)以上和子分公司签订的1000万元(含)以上的物资购销合同，进行合同审批并备案。

(5)负责建立集团公司统一的供应商管理平台，组织各单位对供应商进行评价，定期发布集团公司物资《合格供应商名单》，并进行动态管理。

(6)负责建立集团公司物资集中采购评标专家库，并负责日常管理。

(7)负责制定集团公司周转材料内部摊销、租赁费用标准，逐步建立周转材料管理平台，协调各子(分)公司、指挥部之间周转材料的调剂，审核权限内周转材料购置、租赁、报废申请。

(8)负责收集主要物资市场价格信息及所属单位的主要物资采购价格信息并定期公布。

(9)负责集团公司项目管理系统的物资管理模块的业务调研、推广、应用及运行维护。

(10)负责组织所属单位物资管理人员的职业技能培训及考核，参与集团公司所属单位物资机构的组建、物资主管的委派及其他物资人员的选派工作。

(11)负责对集团公司所属各单位物资管理工作进行指导、协调、检查、监督和考核，做好物资监察、廉政建设和评优评先工作，保证物资管理工作健康运行。

(12)负责集团公司质量、环境、职业健康安全“三标一体”有关物资管理文件的起草和执行。

(13)负责集团公司物资统计报表的汇总分析、统计上报、物资采购合同管理备案工作；掌握物资管理的相关统计数据，全面、真实、准确地反映物资管理状态。

(14)协助有关部门做好项目督导、成本预控、成本核算、贯标内审和效能监察工作，并提供有关资料；结合物资管理情况，配合相关部门完善集团公司生产经营及发展战略。

四、直属指挥(项目)部物资管理部门职责

(1)贯彻执行国家及地方有关物资管理的政策、法律法规和上级有关物资管理规定;按建设单位和集团公司的管理要求,结合指挥(项目)部实际情况,制定项目物资管理实施细则,并组织实施,报集团公司物资管理部门备案。

(2)负责组织物资资源市场调查,制定本工程项目物资采购供应管理方案。

(3)负责本项目集中采购物资需用总量计划的编制上报以及物资申请计划的编制上报、催运、料款签认工作,协调处理建设单位和物资供应商之间的各种业务工作。

(4)负责本指挥(项目)部采购权限内物资及集团公司授权委托物资的集中采购供应工作,协助集团公司做好本项目主要物资的集中采购工作。

(5)负责采购权限内物资的合同评审、合同签订、合同执行,并组织进货和结算,及时按照合同约定取得合法有效的票据。

(6)负责指导、协调、检查、监督、考核本工程项目的物资供应和管理工作。

(7)负责对本项目供应商的情况进行调查评价及复评,并向集团公司推荐合格供应商。

(8)负责执行质量、环境、职业健康安全"三标一体"有关物资管理程序文件。

(9)负责本指挥(项目)部物资成本核算工作,督导所属项目部做好物资成本管控工作,做好物资成本分析。统一组织本项目材料补差、调差所需资料的收集和整理工作。

(10)负责汇总、分析、上报集团公司和建设单位要求填报的物资统计报表及相关信息资料,完成物资档案的分类、整理、保存等相关工作。

五、子(分)公司物资管理部门职责

(1)贯彻执行国家及地方有关物资管理的政策、法律法规和上级有关物资管理规定;按上级单位的管理要求,结合本单位实际情况,制订本级物资管理规定,并组织实施,报集团公司物资管理部门备案。

(2)全面负责公司范围内的物资管理工作,不断推动物资管理工作的持续改进。

(3)负责组织、指导本公司独立施工项目物资资源市场调查及物资采购供应管理方案的制订工作。

(4)负责本公司物资需用计划的汇总上报和采购权限范围内物资及集团公司授权委托物资的集中招标采购、合同洽谈、评审、签订工作;协助做好集团公司集采物资的集中招标采购工作,参加招标和评标,指导和监督项目部执行招标结果;组织对所属单位签订的10万元(含)以上的物资购销合同进行二次评审并备案。

(5)负责本公司入选集团公司评标专家库专家的审核推荐。

(6)负责向集团公司推荐一级采购物资合格供应商,负责调查评价和选择二级采购物资合格供应商并定期复评,公布本公司物资合格供应商名单并上报集团公司。

(7)负责审核周转材料的配置计划,并组织或授权项目部组织周转材料的调拨、租赁、购置;建立周转材料管理台账,掌握全公司周转材料的数量、动态;负责公司内部周转材料的调拨及报废审批,配合集团公司做好与其他公司的相互调剂;参与废旧物资的鉴定与报废工作。

(8)负责收集各类物资的市场价格信息及所属单位的物资采购价格信息,并定期公布。

(9)负责组织所属单位物资人员的职业技能培训及考核,参与本单位所属项目部物资机构的组建、物资主管的委派及其他物资人员的选派工作。

(10)负责对所属单位的物资管理工作进行指导、协调、检查、监督及考核,及时兑现奖罚;做好物资监察、廉政建设和评优评先工作。

(11)负责本公司物资管理信息系统的推广及应用,指导项目部规范使用物资管理信息系统。

(12)负责本公司质量、环境、职业健康安全“三标一体”有关物资管理文件的起草和执行。

(13)负责本公司物资统计报表的汇总分析、统计上报、“三标一体”管理体系认证、物资采购合同管理备案工作,掌握物资管理的相关统计数据,全面、真实、准确地反映物资管理状态;做好物资档案的分类、整理、保存等相关工作。

(14)协助有关部门做好项目督导、成本预控、成本核算、贯标内审和效能监察工作,并提供相应的有关资料;结合物资管理情况,配合相关部门完善公司生产经营及发展战略。

六、子(分)公司项目部物资管理部门职责

(1)贯彻落实上级各项物资管理办法及规章制度;结合本项目实际情况,制订实施细则,并组织实施。

(2)负责本项目物资资源市场调查及物资采购供应管理方案的制订工作,并组织实施。

(3)负责本项目甲供物资申请计划、集中采购物资需用总量计划及各种采购计划的编制、上报,并配合集团公司、指挥部、子(分)公司做好本项目主要物资的集中采购工作,做好本项目自购物资、授权委托物资、甲供物资的采购供应工作。

(4)负责采购权限范围内物资或授权委托物资的合同起草、合同评审、合同签订、合同执行,并组织进货和结算,及时按照合同约定取得合法有效的票据。

(5)负责进场物资的验收、储存、保管、发放、盘点等现场管理工作。

(6)参与集中采购物资合格供应商的调查评价,并向上级业务部门推荐,参与集中采购物资的招标;负责权限内采购物资供应商的调查评价,组织权限内采购物资的招标、评标;负责定期对本项目供应商的履约情况进行评价考核。

(7)负责本项目周转材料配置计划的编制上报、成本分析以及经公司授权委托后的调拨、租赁、购置、报废处置等工作,建立周转材料管理台账。

(8)负责物资消耗管理、物资成本核算等工作。按项目物资需用总计划和施工队(单位工程)物资需用计划,建立主要物资限(定)额供应台账,严格执行限额(限量)发料制度,定期进行物资节超分析,并针对节超情况制定相应的整改措施。

(9)负责执行公司质量、环境、职业健康安全"三标一体"有关物资管理程序文件,保证物资管理工作在受控状态下有序地运行。

(10)负责按照规定填制各种凭证、台账、报表,按时汇总、分析、上报上级要求的各种统计报表及信息资料,做好物资档案等基础资料的收集整理、分类归档、移交等工作。

(11)接受上级业务部门的监督、检查、指导及培训,并负责对施工队物资人员进行业务指导与培训。

(12)做好与物资工作有关的部门沟通和内外协调工作。

(13)做好物资的竣工清场工作。

七、物资部部长岗位职责

(1)严格遵守国家及地方有关物资管理的法律、法规和上级有关物资规定。

(2)在上级业务部门和项目经理的双重领导下,负责本项目物资部门的全面管理工作,制定适合本项目实际情况的物资管理办法和各项规章制度。

(3)对本部门的业务工作进行分工,明确到人;明晰本部门各岗位职责,并督促实施。

(4)收集与物资工作相关的法律、法规和规章制度等文件,不断完善、改进和提高物资管理工作水平。

(5)负责做好开工前的材料供应准备工作,调查掌握工程概况,交通运输条件,工程技术、业主、监理在材料供应方面的特殊要求及地方政府法律法规,编制物资采购供应管理方案。

(6)编制物资需用总量计划和采购(申请)计划,做好施工生产所需物资的组织供应和使用管理及物资节约、节能工作。

(7)组织调查物资市场行情,组织权限范围内物资的招标、物资购销合同的谈判和起草,根据项目部相关部门评审意见完善合同草案后,传递到公司相关业务部门进行二次评审,评审后完善合同,交项目部经理签订。

(8)检查、指导、掌握项目物资管理的全过程,解决存在的问题。

(9)检查、指导现场物资的验收、堆码、标识、保管、使用和相关记录。

(10)负责本项目物资成本核算分析工作,每月组织物资的盘库、节超核算,并对节超结果提出处理意见。

(11)负责各种报表的准确及时统计上报。

(12)负责与业主、监理、上级对口部门及项目部相关部门的沟通协调工作。

(13)接受上级物资部门的监督、检查、指导及培训,并负责对施工队物资人员进行业务指导与培训。

八、物资统计核算员岗位职责

(1)严格遵守国家有关物资管理的法律、法规和上级有关物资管理规定。

(2)在物资部部长领导下,根据分工负责物资部的业务工作。按照物资管理要求,做到物资管理工作规范化、程序化、标准化、制度化。

(3)按照分工负责施工项目所需的物资供方的调查、评价和选择,质量证明资料的收集、整理,提交物资采购领导小组进行评审确认和确认后资料的整理。

(4)负责项目管理系统本单位(项目)物资模块的管理、使用工作,掌握系统统计、填报的要求和方法,做到数据统计准确、真实,杜绝谎报、漏报发生。

(5)负责物资需用总量计划、物资采购(申请)计划的编制上报和计划的执行情况统计。

(6)负责权限范围内物资采购合同的起草,及时提交物资主管审阅。

(7)按照工程进度和物资采购合同要求,及时组织进场物资的验证、报验、标识工作,做好进场物资的合格证、材质证明、技术资料的收集、登记、保管工作。按照合同要求和实际供应情况支付货款，不得超付材料款。

(8)负责建立施工队(单位工程)主要物资限(定)额供应台账，及时规范填制材料点验单、发料单、调拨单，及时登录物资台账；负责周转材料、小型机具的使用和摊销以及物资节约、节能工作。

(9)按要求做好物资统计、物资核算和物资成本分析工作，收集、归档内业资料，及时上报各种报表。

(10)每月与财务部及时对账，对账单须经办人、物资部部长和财务部部长签字。

(11)协助物资主管每月定期调查物资市场行情。

(12)及时主动完成部门领导交办的其他工作。

九、物资采购员岗位职责

(1)严格遵守国家有关物资管理的法律、法规和上级有关物资规定，保证无越权采购和违法违纪现象发生。

(2)负责施工项目所需物资的市场调查，收集、整理供方资料，提交物资采购领导小组进行评审确认和确认后资料的上报及推荐工作。

(3)负责采购权限范围内物资或授权委托物资的具体采购供应工作，并留存相关资料，保证所采购物资能满足工程质量的要求且价格低廉。

(4)负责对所采购物资的各种说明书、合格证、材质证明等技术证件的索取，与所采购的物资一并交给保管及相关人员。

(5)对特种劳动保护用品和安全用具的采购必须严格按规定办理，无生产许可证、产品合格证、安全鉴定证的不得采购。

(6)负责对采购的不合格物资进行处置。

(7)调查了解市场物资价格和供求信息并收集资料，及时向部长和有关领导汇报，提出采购建议。注意了解新产品的使用情况，向有关人员介绍新产品、新材料的使用方法和安全注意事项。减少对可能造成环境污染的材料的采购，尽量采购可代替的环保型新产品。

(8)做到廉洁自律，以公司利益为重，不以物权谋私利，将馈赠钱物及时主动归还。

(9)及时主动完成部门领导交办的其他工作。

十、物资保管员岗位职责

(1)在物资部部长领导下，负责物资仓库及现场管理工作。物资保管应严格执行有关物资管理规章制度，做到物资保管工作规范化、程序化、标准化、制度化。

(2)掌握工程需求物资的使用部位、技术标准，及时和部长沟通，掌握所验收物资的规格型号、技术标准和生产厂家，严格按购销合同条款与采购(申请)计划，对进场物资进行数量、外观质量、规格、随行文件(技术证件、合格证等)的全面验收，认真填写物资验收日记账。及时以书面方式通知试验室取样检验，索取材料的检验报告，对验证合格物资开具并传递材料点验单，登记物资收支存动态账和原材料进场检验台账。未经验收合格的物资不得入库、上账，更不能发放使用。

(3)负责储存物资的规范堆码、及时标识工作；对不合格的物资要及时书面报告，并在规定期限内进行处理。

(4)负责限额发料，严格按施工计划分批发放，总发料数量不能超过限额数量。

(5)负责定期统计自有、外租设备的实际工作小时、每次加油数量，核算油料的节超。

(6)每月对库存及现场原材料(半成品)进行盘点，分施工队或单位工程核算物资消耗节超，盘点口径要与每月的验工计价工程量相匹配。

(7)负责对紧急放行物资的登记和追溯及周转材料、小型机具的使用管理。

(8)负责废旧物资、包装容器的回收与保管，个别物资实行交旧领新制度。

(9)对物资仓库安全负责。每日上班要检查门窗封锁有无异状；下班要断开电源、封锁门窗，并做到仓库物资及设备无积尘、库区无杂草，保持库内、库外卫生良好。

(10)仓库管理的各种资料要按规定，按月、季、年分类装订成册，妥善保管，便于存查。

(11)及时主动完成部门领导交办的其他工作。

十一、施工队材料员岗位职责

(1)每月根据施工计划，按时上报物资的需求计划。

(2)负责物资的验收、卸车、堆码、标识和保管工作。

(3)负责物资的使用管理，严禁大材小用或以劣充优。

(4)负责登记物资验收日记账、物资收支存明细账。

(5)协助项目部相关人员盘点库存物资。

(6)每月统计当月物资的消耗情况，核算节超，分析原因并上报项目物资管理部门。

(7)及时主动完成项目部业务部门交办的其他工作。

第二章　建筑工程物资的采购管理

第一节　工程项目采购的基本概念、类型与流程

一、工程项目采购的基本概念与类型

（一）基本概念

人们常用的“发包”一词，在国际建筑市场上被称为“采购”。本章所引用的“采购”对象不仅包括材料和设备，还包括雇佣承包商开展工程建设和聘用咨询方提供咨询服务。

世界银行将采购定义为“以不同方式，通过努力从系统外部获得货物、工程、服务的整个采办过程”，强调从系统外部获得系统内不能自给的东西。项目管理知识体系将“项目采购”定义为“为达到项目范围而从组织外部获取货物或服务所需的过程”。项目是指包括建设工程项目在内的广义的项目，它将雇佣承包商从事工程建造的工程采购视为采购承包商的服务，包括在服务采购中。

从物质意义的角度看，工程项目采购是从项目系统外部获取所需资源的过程，这些资源既包括有形资源（如设备、建筑产品、生产原料），也包括无形资源（咨询、服务等）。从经济意义的角度看，工程项目采购是追求经济效益最大化的经济活动，采购过程中会有各种各样的费用发生，形成采购成本。以最小的成本获取最大的经济效益，是工程项目采购的基本要求。

（二）类型

1. 按采购内容不同分类

工程项目采购内容广泛，分布在项目全过程中，可以分别围绕可行性研究、勘察设计、材料及设备采购、建筑安装工程施工、设备安装、竣工验收等阶段开展采购活动。按采购内容的不同，工程项目采购分为三种类型。

（1）工程采购。

工程采购属于有形采购，通常称为工程招标，是指通过招标或其他商定方式

选择承包商。选定的承包商承担工程项目施工任务，包括根据采购合同随工程附带的服务。

(2)货物采购。

货物采购也属于有形采购，业主购买项目建设所需的投入物，如建筑材料和设备，通过招标等形式选择合格的供货商，包含货物的获得方式和过程。同样的，也包括与之相关的服务，如运输、保险、安装调试等。

(3)咨询服务采购。

咨询服务采购工作贯穿于项目的整个生命周期，属于无形采购。咨询服务的范围很广，大致有四类：①项目投资前期准备工作的咨询服务，如可行性研究、现场勘察设计等；②工程设计和招标文件编制服务；③项目管理、施工监理等执行性服务；④技术援助和培训等服务。

在实际中，上述三种采购可以分别进行，也可以灵活应用。项目全过程采购就是从项目建议书开始直至项目竣工投产、交付使用的所有工作进行一揽子采购，这就包含上述三大类的采购。

2. 按照采购方式不同分类

按照采购方式不同，工程项目采购可以分为招标采购和非招标采购。招标采购由招标人发出招标公告或招标邀请书，邀请潜在投标人进行投标，然后由招标人对投标人所提出的投标文件进行综合评价，从而确定中标人，并签订采购合同。非招标采购主要用于金额较小的工程非主要需求的采购。对于工程项目主要需求的采购，如承包商、勘察设计、工程监理、大宗设备及材料等采购，都应采取招标采购的方式进行。

按照我国《招标投标法》和《政府采购法》，招标采购又分为公开招标采购和邀请招标采购。非招标采购一般包括询价采购和直接采购。

3. 按采购主体不同分类

按采购主体的不同，可分为政府采购和非政府采购。

(1)政府采购。

政府采购也称公共采购，是各级国家机关、事业单位和团体组织为开展日常的政务活动，实现其行政和社会管理职能及提供公共服务和取得公共利益等目的，而使用财政性资金或公共资金采购依法制订的集中采购目录以内或者采购限额以上的货物、工程和服务的行为。

(2)非政府采购。

非政府采购包括个人采购、家庭采购和企业采购。相对政府采购而言,非政府采购没有受到那么多法律、规则和条例或行政决定、政策的严格限定和管控,私营企业甚至可以随意将投标机会限制在少数几个供应商之间。

二、工程项目采购流程

(1)采购规划。决定项目所需要采购的产品和服务,计划采购的时间以及方式。

(2)发包规划。对采购需求描述文档化,找出潜在的供应商。

(3)采集竞标书。获取采购市场合理信息(如行情、标书、报价、建议)。

(4)筛选供应商。评审潜在供应商的报价书,筛选并谈判,形成书面合同。

(5)合同管理。管理合同关系,评审和确认供应商对于定义的纠正措施是怎样执行的,同时和供应商建立合作,变更管理合同。此外,还需管理和项目甲方的合同关系。

(6)合同收尾。完成和确认每一个合同,包括对未解决问题的决定,关闭项目或项目阶段每一个适用的合同。

第二节　工程项目采购模式

一、工程项目的常用采购模式

“工程项目采购”是从业主的角度出发,以工程项目为标的,通过招标进行“期货”交易。承包从属于采购,采购决定承包范围,业主采购的范围越大,承包商需承担的风险就越大,对承包商技术、经济和管理的水平要求也越高。业主为了获得预期的建筑产品或服务,就必须慎重选择项目采购模式。

工程项目采购模式是对建设项目的合同结构、职能范围划分、责任权利、风险等进行确定和分配的方式,决定了一个建设工程项目的组织方式、管理方式、实施方式以及在完成项目过程中各参与方所扮演的角色及其合同关系。工程项目采购模式影响着工程合同和管理方式以及项目工期、工程质量和造价,对项目成功建设非常重要。

目前，建筑市场普遍采用的项目采购模式有设计—招标—建设模式(DBB)、设计－建造模式(DB)、建设管理模式(CM)、设计－采购－建设模式(EPC)、项目管理模式(PM)、管理承包模式(MC)、建设—经营—移交模式(BOT)、项目伙伴模式(PP)、公私合作模式(PPP)和集成项目交付模式(IPD)等。

(一)“设计—招标—建造”模式(DBB)

DBB是国际上通用的项目采购模式，世界银行、亚洲开发银行贷款项目和采用国际咨询工程师联合会(FIDIC)合同条件的项目基本采用该模式。这种模式最突出的特点是强调工程项目的实施必须按照“设计－招标－建造”的顺序进行，只有一个阶段结束，另一个阶段才能开始。采用这种方法，业主和设计方(建筑师/工程师)签订专业服务合同，建筑师/工程师负责提供项目的设计和合同文件。在设计方的协助下，通过竞争性招标将工程施工任务交给报价和质量都满足要求且最具资质的承包商。在施工阶段，设计专业人员通常担任重要的监督角色，并且是业主与承包商沟通的桥梁。

DBB模式的优点总结如下：①参与项目的三方，即业主、设计方(建筑师/工程师)和承包商，按各自合同行使自己的权力，履行相应的义务，因此这种模式可以使三方的权、责、利分配明确，避免相互干扰；②由于受利益驱使以及市场经济的竞争，业主更愿意寻找信誉良好、技术过硬的设计咨询机构；③由于该模式在世界各地得到广泛采用，因此管理方法成熟，合同各方都对管理程序和内容较为熟悉；④业主可自由选择设计咨询人员，可以控制设计要求；⑤业主可自由选择监理机构实施工程监理。

DBB也有一些缺点：①该模式在项目管理方面是按照线性顺序开展设计、招标、施工管理的，建设周期长，投资或成本容易失控，业主方的管理成本相对较高，设计师与承包商之间协调比较困难；②由于承包商无法参与设计工作，可能造成设计的“可施工性”差，设计变更频繁，导致设计与施工协调困难，设计方和承包商之间可能推诿责任，使业主利益受损；③按该模式运作的项目周期长，业主管理成本较高，前期投入大，工程变更时容易引起较多的索赔。

长期以来，DBB在土木建筑工程中得到广泛的应用。但是随着经济、社会的发展，工程建设领域技术的进步，工程建设的复杂性与日俱增，工程项目投资者在建设期的风险也在不断增大，因而一些新型的项目采购模式也就相应地发展起来，其中较为典型的是DB、CM、EPC、PM和BOT。

（二）“设计—建造”模式（DB）

DB是近年来国际工程中常用的现代项目采购模式，它又称为“设计—施工”模式。通常的做法是，在项目的初始阶段，业主邀请一家或者几家有资格的承包商（或具备资格的设计咨询公司），根据业主的要求或者设计大纲，由承包商或会同自己委托的设计咨询公司提出初步设计和成本预算。根据不同类型的工程项目，业主也可能委托自己的顾问工程师准备更详细的设计纲要和招标文件，中标的承包商将负责该项目的设计和施工。

在DB模式里，承包商和业主密切合作，完成项目的规划、设计、成本控制、进度安排等工作，甚至负责土地购买、项目融资和设备采购安装。这种模式通常以总价合同为基础，但允许价格调整，也允许部分采用单价合同。

DB模式主要有两个优点。

（1）高效率。

DB合约签订以后，承包商就可以开展施工图设计。如果承包商本身拥有设计能力，会促使承包商提高设计质量，通过精心的设计创造经济效益，达到事半功倍的效果。如果承包商本身不具备设计能力，就需要委托一家或几家专业的咨询公司，承包商进行设计管理和协调，使得设计既符合业主的意图，又有利于工程施工和成本节约，使设计更加合理和实用，避免设计与施工之间的矛盾，提高项目的可施工性，减少由于设计错误引起的变更以及对设计文件解释引发的争端。

（2）责任单一。

DB承包商对于项目建设的全过程负有全部责任，这种责任的单一性可以避免工程建设中各方相互推诿，也促使承包商不断提高自己的管理水平，通过科学的管理创造效益。相对于传统模式来说，承包商拥有更大的权力，它不仅可以选择分包商和材料供应商，而且还有权选择设计咨询公司，但需要得到业主的认可。这种模式解决了项目机构臃肿、层次重叠、管理人员比例过大的现象。

DB的缺点主要是业主无法参与建筑师（工程师）的选择，对最终设计和细节的控制能力降低，工程设计可能会受施工者的利益影响等。

（三）“设计—采购—建设”模式（EPC）

在EPC模式中，“设计”不仅包括具体的设计工作，而且还包括整个建设工程的总体策划以及整个建设工程组织管理的策划与具体工作；“采购”也不是一般意义上的建筑设备、材料采购，而更多的是指专业成套设备、材料的采购；“建设”包括施工、安装、试车、技术培训等。

1. EPC 特点

(1)业主把工程的设计、采购、施工和开车服务工作全部委托给总承包商，总承包商负责组织实施，业主只负责整体的、原则的、目标的管理和控制。

(2)业主可以自行组建管理机构，也可以委托专业项目管理公司代表业主对工程进行整体的、原则的、目标的管理和控制。业主介入具体项目组织实施的程度较低，总承包商更能发挥主观能动性，运用其管理经验，为业主和承包商自身创造更多的效益。

(3)业主把管理风险转移给总承包商，因而总承包商在经济和工期方面要承担更多的责任和风险，同时承包商也拥有更多的获利机会。

(4)业主只与总承包商签订总承包合同。设计、采购、施工的实施是统一策划、统一组织、统一指挥、统一协调和全过程控制的。总承包商可以把部分工作委托给分包商完成，分包商的全部工作由总承包商对业主负责。

(5)EPC 合同中没有咨询工程师这个专业监控角色和独立的第三方。

(6)EPC 模式一般适用于规模较大、工期较长且技术相对复杂的工程，如化工厂、发电厂、石油开发等项目。

2. EPC 总承包方式

由于各个项目的自身特点不同，签订合同的具体条款不完全相同，EPC 总承包的工作范围也不尽相同，EPC 又分为以下三种方式。

(1)设计、采购、施工总承包。

业主根据项目的目的和要求进行招标，承包商中标并签订具体的合同，承包商承担项目的设计、采购、施工全过程工作的总承包。业主只与总承包商形成合同关系，其他的项目管理工作都由总承包商承担并对项目最终产品负责。

(2)设计、采购、施工管理总承包(EPCM)。

设计、采购、施工管理总承包是指总承包商与业主签订合同，负责工程项目的设计和采购，并负责施工管理。另外，由施工总承包与业主签订施工合同并按照设计图纸进行施工。施工总承包与 EPCM 总承包商不存在合同关系，但是施工承包商需要接受 EPCM 总承包商对施工工作的管理。

(3)设计、采购、施工咨询总承包。

设计、采购、施工咨询总承包是指 EPCA 总承包商负责工程项目的设计和采购,并在施工阶段向业主和施工承包商提供咨询服务。施工咨询费不包含在承包价中,按实际工时计取。

EPC 的利弊取决于项目的性质,涉及各方利益和关系的平衡,尽管 EPC 模式给承包商提供了相当大的弹性空间,但同时也给承包商带来较高的风险。从“利”的角度看,业主的管理相对简单,因为由单一总承包商牵头,承包商的工作具有连贯性,可以防止设计方与承包商之间的责任推诿,提高工作效率,减少协调工作量。由于总价固定,业主基本上不用再支付索赔及追加项目费用(当然也是利弊参半,业主转嫁了风险,同时增加了造价)。从“弊”的角度看,尽管理论上所有工程的缺陷都是承包商的责任,但实际上质量的保障全靠承包商的自觉性,它可以通过调整设计方案包括工艺等来降低成本,这会影响到长远意义上的质量。因此,业主对承包商监控手段的落实十分重要,而 EPC 中业主又不能过多地参与设计方面的细节要求和意见。另外,承包商获得业主变更令以及追加费用的弹性也很小。

(四)建设管理模式(CM)

CM 模式是采用快速路径法施工时,从项目开始阶段业主就雇用具有施工经验的 CM 单位参与到项目实施过程,以便设计师提供施工方面的建议,并且随后负责管理施工过程。这种模式改变过去全部设计完成后才进行招标的传统模式,只要完成一部分分项(单项)工程后,即可对该分项(单项)工程进行招标施工,由业主与各承包商分别签订每个单项工程合同。该模式需要业主、CM 单位和设计方组成联合小组,共同负责组织和管理工程的规划、设计和施工。CM 单位负责工程的监督、协调及管理工作,在施工阶段定期与承包商交流对成本、质量和进度进行监督,并预测和监控成本和进度的变化。

1. CM 模式分类

根据合同规定的 CM 经理工作范围和角色,可将 CM 模式分为代理型建设管理和风险型建设管理。

(1)代理型建设管理模式。

在这种模式下,CM 经理是业主的咨询和代理。业主选择代理型 CM 主要是因为其在进度计划和变更方面更具灵活性。无论是施工前还是施工后,CM 经理与业主是委托关系，业主与CM经理之间的服务合同是以固定费用或比例费用的方式计费。施工任务仍然大都通过竞标来实现，由业主和各承包商签订施工合同。CM经理只为业主提供项目管理，与各承包商之间没有任何合同关系。因此，对于代理型CM经理来说，经济风险最小，但声誉损失风险很高。

(2)风险型建设管理模式。

在这种模式下，CM经理同时也担任施工总承包商的角色。业主一般要求CM经理提出保证最高成本限额(GMP)，以保证业主的投资控制，如最后结算超过GMP，则由CM公司赔偿；如低于GMP，则节约的投资归业主所有，但CM经理由于额外承担了保证施工成本风险，因而应得到节约投资的奖励。有了GMP的规定，业主的风险减少了，CM经理的风险增加了。风险型CM模式中，CM经理的地位相当于一个总承包商，与各专业承包商有直接的合同关系，并负责工程以不高于GMP的成本竣工。

2. CM模式的优点

(1)建设周期短。

这是CM模式的最大优点。在组织实施项目时，可以打破传统的设计、招标、施工的线性关系，代之以非线性的阶段施工法。CM模式的基本思想就是缩短工程从规划、设计、施工到交付使用的周期，即采用快速路径模式，设计一部分，招标一部分，施工一部分，实现有条件的“边设计、边施工”，使得设计与施工之间的界限不复存在，二者在时间上产生搭接，从而提高项目的实施速度，缩短施工周期。

(2)CM经理早期介入。

CM模式改变传统模式项目各方依靠合同调解的做法，代之以依赖设计方(建筑师/工程师)、CM经理和承包商在项目实施中的合作，业主在项目初期就选定了设计方(建筑师/工程师)、CM经理和承包商，由他们组成具有合作精神的项目组，完成项目的投资控制、进度计划与质量控制和设计工作，这种方法被称为项目组法。CM经理与设计方是相互协调关系，CM单位可以通过合理化建议来影响设计。

3. CM模式的缺点

对CM经理的要求较高，CM单位的资质和信誉都应比较高，而且配备高素质的从业人员；分项招标容易导致承包费用较高。

综合CM模式的优缺点，CM模式适用于设计变更可能性较大的工程项目，时间进度为最核心因素的工程项目及因总体工作范围和规模不确定而无法准确定价的工程项目。采用CM模式，业主把具体项目管理的事务性工作通过市场化手段委托给有经验的专业公司，不仅降低项目建设成本，而且可以集中精力做好公司运营。

（五）项目管理模式（PM）

PM模式是指项目业主聘请一家公司（一般为具备相当实力的工程公司或咨询公司）代表业主进行整个项目过程的管理，这家公司被称为"项目管理承包商"（PMC）。PM模式中的PMC受业主的委托，从项目的策划、定义、设计、施工到竣工投产全过程为业主提供项目管理服务。选用这种模式管理项目时，业主方面仅需保留很小一部分的项目管理力量对一些关键问题进行决策，而绝大部分的项目管理工作都由PMC来承担。PMC是由一批对项目建设各个环节具有丰富经验的专门人才组成的，它具有对项目从立项到竣工投产进行统筹安排和综合管理的能力，能有效地弥补业主项目管理知识与经验的不足。

PMC作为业主的代表或业主的延伸，帮助业主进行项目前期策划、可行性研究、项目定义、计划、融资方案，在设计、采购、施工、试运行等整个实施过程中有效地控制工程质量、进度和费用，保证项目的成功实施，达到项目生命期的技术和经济指标最优化。PMC的主要任务是自始至终对业主和项目负责，这可能包括项目任务书的编制、预算控制、法律与行政障碍的排除、土地资金的筹集等，同时使设计者、工料测量师和承包商的工作正确地分阶段进行，在适当的时候引入指定分包商的合同和任何专业建造商的单独合同，以使业主委托的活动得以顺利进行。

通过PMC的科学管理，可大规模节约项目投资，原因如下。

（1）通过项目优化设计以实现项目全生命期成本最低。PMC会根据项目所在地的实际条件，运用自身的技术优势，对整个项目进行全方位的技术经济分析与比较，本着功能完善、技术先进、经济合理的原则对整个设计进行优化。

（2）在完成基本设计之后通过一定的合同策略，选用合适的合同方式进行招标。PMC会根据不同工作包的设计深度、技术复杂程度、工期长短、工程量大小等因素综合考虑采取何种合同形式，从整体上为业主节约投资。

（3）通过PMC的多项目采购协议及统一的项目采购策略降低投资。多项目采购协议是业主就某种设备或材料与制造商签订的供货协议。与业主签订该协议的制造商是该项目设备或材料的唯一供应商。业主通过此协议获得价格、日常运行维护等方面的优惠。各个承包商必须按照业主所提供的协议去采购相应的材料、设备。多项目采购协议是PM项目采购策略中的一个重要部分。在项目中,要适量地选择商品的类别,以免对承包商限制过多,直接影响积极性。PMC还应负责促进承包商之间的合作,以符合业主降低项目总投资的目标,包括最优化项目内容和全面符合计划等要求。

(4)PMC的现金管理及现金流量优化。PMC可通过其丰富的项目融资和财务管理经验,结合工程实际情况,对整个项目的现金流进行优化。

(六)建设—经营—移交(BOT)

BOT的基本思路是:由项目所在国政府或所属机构为项目的建设和经营提供一种特许权协议,作为项目融资的基础。由本国公司或者外国公司作为项目的投资者和经营者安排融资,承担风险,开发建设项目,并在有限的时间内经营项目获取商业利润,最后根据协议将该项目转让给相应的政府机构。

BOT模式是20世纪80年代在国外兴起的基础设施建设项目依靠私人资本的一种融资、建造的项目管理方式。政府开放本国基础设施建设和运营市场,授权项目公司负责筹资和组织建设,建成后负责运营及偿还贷款,规定的特许期满后,再无偿移交给政府。

BOT模式具有三个优点:①降低政府财政负担,通过采取民间资本筹措、建设、经营的方式,吸引各种资金参与道路、码头、机场、铁路、桥梁等基础设施项目建设,以便政府集中资金用于其他公共物品的投资,项目融资的所有责任都转移给私人企业,减少政府主权借债和还本付息的责任;②政府可以避免大量的项目风险,实行该种方式融资,使政府的投资风险由投资者、贷款者及相关当事人等共同分担,其中投资者承担绝大部分风险;③有利于提高项目的运作效率,项目资金投入大、周期长,由于有民间资本参加,贷款机构对项目的审查、监督就比政府直接投资方式更加严格。同时,民间资本为降低风险,获得较多的收益,就更要加强管理、控制造价,这从客观上为项目建设和运营提供约束机制和有利的外部环境。

BOT模式具有五个缺点:①公共部门和私人企业往往都需要经过一个长期的调查、了解、谈判和磋商过程,以致项目前期过长,投标费用过高;②投资方和贷款人风险过大,没有退路,使融资举步维艰;③参与项目各方存在某些利益冲突,对融资造成障碍;④机制不灵活,降低私人企业引进先进技术和管理经验的积极性;⑤在特许期内,政府可能会对项目失去控制权。

BOT 模式被认为是代表国际项目融资发展趋势的一种新型结构。BOT 模式不仅得到发展中国家政府的广泛重视和采纳，一些发达国家政府也考虑或计划采用 BOT 模式来完成政府企业的私有化过程。BOT 模式主要用于基础设施项目包括发电厂、机场、港口、收费公路、隧道、电信、供水和污水处理设施等，这些项目都是投资较大、建设周期长和可以自己运营获利的项目。

（七）公私合作模式（PPP）

公私合作模式也被译为公私合营模式。PPP 模式是指政府和私人部门之间就公共产品的提供而建立的风险共担的长期伙伴关系。私人部门发挥资金、技术、管理优势，按照政府设定的标准建造公共设施，提供公共服务，并通过从政府部门收费或从使用者收费来获取较为稳定的收入，政府部门则负责确定公共服务要求，并进行必要的协助或监管，最终实现以更低成本提供更高质量的公共服务目标。PPP 模式起源于英国，主要用于公共基础设施建设，广泛应用于轨道交通、高速公路、收费桥梁、地下管道、自来水设施、机场设施、监狱、隧道、卫生设施等领域。

1. PPP 模式的概念

狭义的 PPP 模式是指政府部门引入私人部门组成特殊目的机构，政府制订公共服务的标准，私人部门据此设计、建造相应的设施来提供服务，并负责融资和运营。与此同时，政府作为服务的主要购买者，向私人部门支付使用费。运营期满，有关设施移交政府部门管理。可以看出，私人部门在设计、建造、融资、运营、维护等各个阶段都发挥着重要作用。

广义的 PPP 模式可分为外包类、特许经营类和私有化三大类。外包类 PPP 项目通常由政府部门投资，所有权归政府部门，私人部门通过签订合同等方式承包项目中的一项或几项职能，比如负责工程设计和建设，又或者受政府委托代为管理维护项目设施。私人部门积极性较低，承担的风险相对较小，私人部门收益主要来源于政府部门付费。特许经营类 PPP 项目是指私人部门提供部分或全部投资，并通过一定的合作机制与政府部门共担风险，共享利益。私人部门的项目参与度较高，负责整个项目的建设、运营和管理，政府部门则根据项目实际收益情况给予私人部门一定的补偿或向其收取一定期限的特许经营费，整个项目的所有权会在特许经营权到期后回归政府部门。此种模式中，私人部门的积极性相对较高，政府部门找到PPP项目的公益性和私人部门的营利性之间的平衡点至关重要，这对政府部门的管理能力提出了更高的要求。如果能建立有效的监督机制，该种模式能够充分发挥政府部门与私人部门的各自优势。特许经营类PPP的典型模式为建设—经营—转让(BOT)模式。私有化类PPP项目是指所有项目投资由私人部门负责，私人部门在政府部门的监督下，通过向用户收费来维持项目的正常运转，在收回投资的同时获得相应回报。这种方式的项目所有权归私人部门所有，因此私人部门在这种方式中也承担着最大的风险。但这种方式在政府部门管理水平较好的时候，对私人部门来说是一种特别大的激励，可很好地保证公共物品的质量水平，也能保证其提供时间的长久性。

2. PPP模式的表现形式

世界银行用"私营部门参与"泛指包括PPP的各种公私合作的模式。其具体表现形式有建设—经营—转让(BOT)、建设—转让(BT)、建设—转让—经营(BTO)、建设—拥有—经营(BOO)、建设—拥有—经营—转让(BOOT)、购买—建设—经营(BBO)、租赁—建设—经营(LBO)、扩建后经营整体并转移、服务协议、运营和维护协议等。但是不论何种模式、何种表现形式都只是手段，而提升公共服务的供给效率才是关键所在。

3. PPP模式的优点

(1)消除费用的超支。在项目初始阶段，私人部门与政府共同参与项目的识别、可行性研究、设施和融资等项目建设过程，保证项目在技术和经济上的可行性，缩短前期工作周期，使项目费用降低。PPP模式中，只有当项目已经完成并得到政府批准使用后，私营部门才能开始获得收益，因此PPP模式有利于提高效率和降低工程造价，能够消除项目完工风险和资金风险。

(2)有利于转换政府职能，减轻财政负担。政府可以从繁重的事务中脱身出来，从过去的基础设施公共服务的提供者变成一个监管的角色，从而保证质量，也可以在财政预算方面减轻政府压力。

(3)促进投资主体的多元化。利用私人部门来提供资产和服务能为政府部门提供更多的资金和技能。同时，私人部门参与项目还能推动在项目设计、施工、设施管理过程等方面的革新，提高办事效率，传播优秀管理理念和管理经验。

(4)政府部门和私人部门可以取长补短，发挥政府公共机构和私人部门各自的优势，弥补对方的不足。双方可以制定互利的长期目标，可以以最低的成本为公众提供高质量的服务。

(5)使项目参与各方整合组成战略联盟，对协调各方不同的利益目标起关键作用。

(6)合理分配风险。PPP 模式在项目初期就可以实现风险分配，同时由于政府分担一部分风险，使风险分配更合理，减少承建商与投资商风险，从而降低融资难度，提高项目融资成功的可能性。政府在分担风险的同时也拥有一定的控制权。

(7)应用范围广泛。该模式突破目前的引入私人部门参与公共基础设施项目组织机构的多种限制，可适用于城市供热等各类市政公用事业及道路、铁路、机场、医院、学校等。

(八)集成项目交付(IPD)

IPD 是由制造业引入到建筑业的一种项目采购模式，为传统项目采购模式中存在专业碎片、组织碎片、阶段碎片、信息碎片等众多问题带来的新的思路。IPD 模式加强项目各参与方互信合作、信息开放共享的程度，将体系、人力、实践和企业结构整合为一个统一过程，通过协作平台，充分利用所有参与方的见解和才能，通过设计、建造以及运营各阶段的共同努力，使建设项目结果最佳化、效益最大化，增加业主的价值，减少浪费。在 IPD 模式中，从项目的初期规划设计、施工建造再到最终的项目竣工交付，业主、设计方、总承包商、分包商等参与方通过高效地协作，进而达到项目目标的整体实现。项目的规模越大，利用 IPD 模式所节省的成本越多。

目前，虽然 IPD 模式在我国还是新兴的一种建设项目交付模式，但作为一种理想的成本节约方式，已经开始在国内外建筑业推广和使用。

在传统的项目管理模式中，建设项目的合同模式并非关注项目整体利益，而是以维护合同各参与方利益为核心。建设项目合同的缺陷会导致各参与方之间容易产生多种合同纠纷，使得项目整体执行效率降低。而以关系型合同著称的 IPD 合同则不同，它不仅关注项目最后实施的结果(建筑产品)，更加关注于过程。

IPD 模式重视各参与方彼此之间的信任、财务之间的透明，共享风险和回报。同时，协调所有的参与者，尽可能高效地完成一个项目。IPD 模式的原则可总结如下。

(1)项目开始之初,各方平等参与。

在传统管理方式中,早期项目决策者只有业主,而在IPD项目中,所有的参与方尽早参与项目,平等参与项目决策,提高项目决策水平,减少投资风险。

(2)项目目标一致,各方共同决策。

IPD合同使所有的参与方紧密地联系在一起,参与人对于项目的目标保持着高度的一致性。同时,各参与人商量制订项目各个方面的评价指标。

(3)集成各方知识,优化设计结果。

所有参与方致力于团队的效益。IPD团队集成了所有人员、系统、知识和经验,能够有效地减少错误,优化设计结果。

(4)相互信任尊重,共担风险收益。

团队中各方都有强烈的合作意愿。在整个合作期内,为了实现团队的效益,彼此之间信任尊重对方。按照IPD的合同规定,各方以入股的形式平等地参与项目,建设期间共同承担项目的风险,解决项目的突发状况,最后共同分配项目利润。

(5)公司财务透明,彼此坦诚沟通。

从各个参与方抽取人员建立单一目的实体协议(SPE),SPE中各方之间的财务透明。IPD各参与方放弃了诉讼的权利,彼此之间进行开放、直接和坦诚的沟通,在不违背各自企业文化的前提下,积极迅速地解决问题,告别无休止的纠纷和索赔。

(6)先进技术支撑,组织协同管理。

IPD模式依靠先进的技术。这种技术支持开放和兼容的数据交换,同时需要有统一的标准来保证设计信息在各方之间的流通。项目团队成员都致力于项目团队的目标和价值,协调他们之间的关系可促进沟通。

二、工程项目采购模式的选择

每种项目采购模式都可以有它的变体,模式本身不是一成不变的,而是工程建设管理对建筑科技进步的一种客观反映。项目采购模式发展和变化并不是扬弃和替代的过程,不能简单地认为后来出现的新模式就肯定比原来的模式好。模式的发展和变化丰富了人们对工程建设进行组织管理的方式。由于工程项目的特殊性,现实中并不存在一个通用的模式,选择工程项目模式的时候必须考虑各种具体因素的灵活应用。

在对采购模式进行选择时,不能仅根据模式本身的优缺点进行选择,而要依据工程项目自身和参与各方的特点综合考虑。不同建设项目的特点均不相同,应根据具体情况选择最适宜的模式。

在选择工程项目采购模式,应考虑以下两个方面的因素。

(一)工程项目的特点

1. 工程项目范围

确定了项目范围,也就确定了项目的工作边界,明确了项目的目标和主要交付成果。一般而言,DBB模式和设计建造模式要求项目的范围明确,并且早在设计阶段,就已明确项目要求;当工程项目范围不太清楚时,适合CM模式。

2. 工程进度

时间是大多数工程的一个重要约束条件,业主必须决定是否需要采用快速路径法以缩短建设工期。DBB模式的建设工期比较长,只要建设过程已经划分好,设计与施工阶段在时间上就没有了搭接和调解工期的可能,而快速路径法就可减少这种延迟,使得设计和施工可以顺利搭接。

3. 项目复杂性

工程设计是否标准或复杂也是影响项目采购模式选择的一个因素。设计建造模式适用于标准设计的工程;当设计比较复杂时,DBB模式比较适用。

(二)业主需求

1. 业主的协调管理

不同的项目采购模式要求业主与承包商签订的合同不同,因此项目系统内部的接口也随之不同,导致业主的组织协调和管理工作量也有所区别。在设计建造模式下,业主的管理简单,协调工作量少;采用DBB模式和平行发包模式时,业主的协调管理工作量增加;在CM模式下,业主的协调管理工作量介于两者之间。

2. 投资预算估计

在DBB模式和平行发包模式中,业主在施工招标前,对工程项目的投资总额较为清楚,因此有利于业主对项目投资进行预算和控制。在设计建造模式下,由于业主与承包商之间只有一份合同,合同价格和条款都不容易准确确定,因此只能参照类似已完工工程估算投资。CM模式则因为施工合同总价要随各分包合同的签订而逐步确定,因而很难在整个工程开始前确定一个总造价。

3.价值工程

价值工程是降低成本、提高经济效益的有效方法,在设计方案确定后,可使用价值工程法,通过功能分析,对造价高的功能实施重点控制,从而降低工程造价,实现建设项目的最佳经济效益和环境效益。如果业主要求在工程设计中应用价值工程以节省投资,则可以优先选用CM模式。

4.参与度

当业主不愿在项目建设过程中较多参与时,可以优先考虑设计建造模式,在这种模式下,承包商承担设计、施工、材料设备采购等全部工作,且对于工作中遇到的问题也自行解决,但业主对项目质量控制的难度相应增加。

业主需要决定在设计阶段愿意多大程度地参与设计,以影响设计的最终结果。如果业主希望更富有创造性的或是独特的外观设计,则需要更多地参与设计工作,选用CM模式或DBB模式较为合适。

5.业主承担的风险大小

随着建设工程项目的规模不断扩大,技术越来越复杂,项目风险的影响因素也日益复杂多样。业主是否愿意在工程建设中承担较大的风险也成为影响项目采购模式选择的重要因素。

根据以上对影响项目采购模式选择的因素,需要进行分析评价,确定主次因素,以满足主要因素或者多方面因素为目的,来选择最合适的项目采购模式。

第三节　建筑工程物资采购合同管理

一、物资采购合同概述

(一)建筑工程物资采购合同的概念与特点

建筑工程物资采购合同是指具有平等民事主体资格的法人、经济组织相互之间，为实现建设物资买卖，明确相互权利和义务关系的协议。依照协议，卖方将建设物资交付给买方，买方接受该项建设物资并支付价款。

建筑工程物资采购合同属于买卖合同，具有买卖合同的一般特点。

（1）出卖人与买受人订立买卖合同，是以转移财产所有权为目的的。

（2）买卖合同的买受人取得财产所有权，必须支付相应的价款；出卖人转移财产所有权，必须以买受人支付价款为对价。

（3）买卖合同是双务有偿合同。双务有偿是指合同双方互负一定义务，出卖人应当保质、保量、按期交付合同订购的物资、设备，买受人应当按合同约定的条件接收货物并及时支付货款。

（4）买卖合同是诺成合同。除法律有特殊规定的情况外，当事人之间意见达成一致，买卖合同即可成立，并不以实物的交付为合同成立的条件。

建筑物资采购合同是当事人在平等互利的基础上，经过充分协商达成一致的意见，体现了平等互利、协商一致的原则，因此具有如下五个特征。

（1）建筑物资采购合同依据工程承包合同订立。无论是业主提供建设物资，还是承包商提供建筑物资，均须符合工程承包合同对物资的质量要求和工程进度需要的安排，也就是说，建筑物资采购合同的订立要以工程承包合同为依据。

（2）建筑物资采购合同以转移物资和支付货款为基本内容。依照建筑物资采购合同，卖方收取相应的价款并将建筑物资转移给买方，买方接受建设物资并支付价款，这是建筑物资采购合同属于买卖合同的重要法律特征。

（3）建筑物资采购合同的标的品种繁多，供货条件复杂。建筑物资的特点在于品种、质量、数量和价格差异大，根据不同建筑工程的需要，有的数量庞大，有的则技术条件要求严格，因此，在合同中必须对各种所需物资逐一明细，以确保工程施工的需要。

（4）建筑物资采购合同应实际履行。由于建筑物资采购合同是基于工程承包合同的需要订立的，物资采购合同的履行直接影响工程承包合同的履行，因此，建筑物资采购合同成立后，卖方必须按合同规定实际交付标的，不允许卖方以支付违约金或损害赔偿金的方式代替合同的履行，除非卖方延迟履行合同，使合同标的的交付对于买方已无意义。

（5）建筑物资采购合同使用书面形式。根据《合同法》规定，当事人订立合同既可以用书面形式，又可以用口头形式。法律、法规规定采用书面形式的，应当采用书面形式。当事人约定采用书面形式的，应当采用书面形式。国家根据需要下达指令性任务或者国家订货任务的，有关法人、组织之间应当依照有关法律、行政法规规定的权利和义务订立合同。从实践来看,建筑工程合同既涉及国家指令性计划又涉及市场调节,而且建筑物资采购合同中的标的物用量大,质量要求高,且根据工程进度计划分期分批履行,同时,还涉及售后维修服务工作,合同履行周期长,采用口头方式不适宜,应采用书面形式。

(二)建筑工程物资采购合同的分类

工程项目建设阶段需要采购的物资种类繁多,合同形式各异,但根据合同标的物供应方式的不同,可将涉及的各种合同大致划分为物资设备采购合同和大型设备采购合同两大类。物资设备采购合同是指采购方(业主或承包商)与供货方(供货商或生产厂家)就供应工程建设所需的建筑材料和市场上可直接购买定型生产的中、小型通用设备所签订的合同;而大型设备采购合同则是指采购方(通常为业主,也可能是承包商)与供货方(大多为生产厂家,也可能是供货商)为提供工程项目所需的大型复杂设备而签订的合同。大型设备采购合同的标的物可能是非标准产品,需要专门加工制作,也可能虽为标准产品,但技术复杂而市场需求量较小,一般没有现货供应,需待双方签订合同后由供货方专门进行加工制作。

物资设备采购合同与大型设备采购合同主要有以下五个区别。

(1)物资设备采购合同的标的是物的转移,而大型设备采购合同的标的是完成约定的工作,并表现为一定的劳动成果。大型设备采购合同的定做物表面上与物资设备采购合同的标的物没有区别,但它却是供货方按照采购方提出的特殊要求加工制造的,虽有定型生产的设计和图纸,但不是大批量生产的产品。还可能是采购方根据工程项目特点,对定型设计的设备图纸提出更改某些技术参数或结构要求后,厂家再进行制造的。

(2)物资设备采购合同的标的物可以是在合同成立时已经存在的,也可能是签订合同时还未生产,然后按采购方要求数量生产的。而大型设备采购合同的标的物必须是合同成立后供货方依据采购方的要求而制造的特定产品,它在合同签约前并不存在。

(3)物资设备采购合同的采购方只能在合同约定期限到来时要求供货方履行,一般无权过问供货方是如何组织生产的。而大型设备采购合同的供货方必须按照采购方交付的任务和要求去完成工作,在不影响供货方正常制造的情况下,采购方还要对加工制造过程中的质量和期限等进行检查和监督,一般情况下,派驻厂代表或聘请监理人(也称“设备监造”)负责对生产过程进行监督控制。

(4)物资设备采购合同中订购的货物不一定是供货方自己生产的,也可以通过各种渠道去组织货源,完成供货任务。而大型设备采购合同则要求供货方必须用自己的劳动、设备、技能独立地完成定做物的加工制造。

(5)物资设备采购合同供货方按质、按量、按期将订购货物交付采购方后即完成了合同义务。而大型设备采购合同中有时还可能包括要求供货方承担设备安装服务,或在其他承包商进行设备安装时负责协助、指导等的合同约定以及对生产技术人员的培训服务等内容。

(三)物资采购合同数量

物资采购合同一般要求合同正本不少于4份,由保障部、合约部、财务部各执1份,中标人执1份,项目部或其他部门留存合同复印件。对物资招标采购过程中的有关文件、记录资料由保障部建档保存。对中标单位投标时提供的样品要妥善保管,以便解决今后可能发生的问题。

二、加强建筑物资采购合同管理的意义

(1)加强建筑物资采购合同管理,有利于降低工程成本,实现投资效益。建筑物资费用在工程项目中是构成直接费用的重要指标,加强对建筑物资采购合同的管理,是挖掘节约投资潜力的重要技术措施。工程项目的用料是否合理,能否降低物耗、降低购买及储运的损耗和费用,直接影响工程成本的高低,对实现投资效益具有重要作用。

(2)加强建筑物资采购合同管理,有利于协调施工时间,确保实现进度控制目标。建筑物资的供货时间对工程项目确保工期极为重要,一旦建设物资不能按工期进度需要供货,或供货质量不符合工程项目的要求,都将导致延误工期的不良后果。因此,在影响进度的各种因素中,建筑物资的供应占有显著地位。

(3)加强建筑物资采购合同管理,有利于提高工程质量,达到规范要求。建筑物资采购合同中对物资的质量要求是否与工程承包合同中的要求一致,供货方在履行合同义务时是否符合合同要求,都直接影响工程质量控制目标的实现。据有关专家分析,在造成工程质量不符合合同要求的各种原因中,近20%的情况是由于材料、设备的质量问题。因此,在工程项目承包中,无论哪一方为建筑物资的提供者,都应加强对建筑物资采购合同的订立及履行的严格管理。

三、物资设备采购合同管理

(一)国内物资购销合同的主要条款

建筑材料和通用设备的购销合同可分为约首、条款和约尾三部分。约首主要写明采购方和供货方的单位名称、合同编号和签约地点。约尾是双方当事人就条款内容达成一致后，最终签字盖章使合同生效的有关内容，包括签字的法定代表人或委托代理人、开户银行和账号、合同的有效起止日期等。双方在合同中的权利和义务，均由条款部分来约定。国内物资购销合同的示范文本规定，条款部分应包括以下内容。

(1)产品名称、商标、型号、生产厂家、订购数量、合同金额、供货时间及每次供应数量。

(2)质量要求的技术标准，供货方对质量负责的条件和期限。

(3)交(提)货地点、方式。

(4)运输方式及费用承担方。

(5)合理损耗及计算方法。

(6)包装标准，包装物的供应与回收。

(7)验收标准、方法及提出异议的期限。

(8)随机备品、配件、工具数量及供应办法。

(9)结算方式及期限。

(10)如需要提供担保，另立合同担保书作为合同附件。

(11)违约责任。

(12)解决合同争议的方法。

(13)其他约定事项。

(二)物资设备采购合同的主要内容

1. 合同的标的

物资采购供应合同的标的物涉及物资采购供应合同的成立与履行，应在合同中予以明确和具体化，将物资的内在素质和外观形态综合表述出来，它也是物资采购供应合同的最主要条款之一。在具体签订合同时，应首先写明物资的名称，名称要写全称，同时，要明确该标的物的品种、型号、规格、等级、花色。另外，还要约定对合同标的物不符合品种、型号、规格、等级、花色等合同要求而提出异议的时间，因为只有在法定或约定的时间内提出异议，供货方才有义务负责。

2.质量要求和技术标准

产品的质量关系到该产品能否满足社会和用户的需要，是否适用于约定的用途，它体现在产品的性能、耐用程度、可靠性、外观、经济性等方面。产品的技术标准则是指国家对建筑物资的性能、规格、质量、检验方法、包装以及储运条件等所作的统一规定，是设计、生产、检验、供应、使用该产品的共同技术依据。质量条款是物资采购供应合同中的重要条款，也是产品验收和区分责任的依据。实践中，相当多的经济纠纷是因合同质量问题引起的，因此，一定要在合同中注明产品质量要求和技术标准。合同双方当事人在确定质量标准时，一定要看产品属于什么种类，是否有各种法定标准。有国家标准或行业标准的，要按照国家标准或行业标准签订；没有国家标准和行业标准的，按企业标准签订；当事人有特殊要求的，由双方协商签订。另外，还要注意以下内容。

(1)成套产品的合同，不仅对主件有质量要求，而且对附件也要有质量要求，一定要在合同中写清楚。有些单位在签订合同时往往只注意到主件，而忽视附件，因而很多合同都在附件上出毛病，引起纠纷。

(2)确定供方对产品质量负责任的期限。供方对产品的质量是要负责任的，但并不是无期限、无条件地负责，而是有时间和条件的限制。为此，双方应该尽可能在合同中做出明确的规定，即供方在什么条件下和多长时间内对产品的质量负责。这样，只要在这个期限内产品出现质量问题，需方就有权要求供方承担责任。

(3)有些产品由于其特性及检测条件等限制，不可能在当时检验产品内在质量，而必须在安装运转后才有可能发现内在质量缺陷。对于这类产品，需方对内在质量缺陷提出异议的条件和时间，如果法律有规定，按规定执行；如没有规定，双方应在合同中做出明确规定，即产品在安装运行后，在什么条件下和多长时间内，需方若发现产品内在质量缺陷，可以向供方提出，要求供方承担责任，如果过了期限再提出，供方则不予负责。

(4)如果双方是按样品订货，按样品验收，最好对样品的质量标准做出明确的说明，也可以封存样品。

(5)对于有有效期限的商品，其剩余有效期在 2/3 以上的，供方可以发货；剩余有效期在 2/3 以下的，供方应征得需方同意后才能发货。

(6)对特定的建设物资,如化学原料、试剂等,由于其用途不一样,质量要求也不同,为避免发生纠纷,应写明用途。

3.数量和计量单位

物资采购供应合同的数量是衡量当事人权利、义务大小的一个尺度,如果没有规定数量,一旦发生纠纷就很难分清责任。因此,数量应由合同双方当事人在合同中确定。

计量单位应具体明确,切忌使用含糊不清的计量概念。这不仅便于履行合同,检验交付的货物是否与合同规定相符,还可以减少不必要的纠纷。计量单位应采用国家法定计量单位,即国际单位制计量单位和国家规定的其他计量单位。如质量用千克、克,长度用米、厘米、毫米等。有的还需要用复式单位,如电动机用千瓦/台,拖拉机用马力/台来表示。不能用一堆、一袋、一箱、一包、一车、一捆等含糊不清的计量概念。对于以箱、包、车、袋、捆、堆为单位的货物,必须明确规定每箱、每包、每车、每袋、每捆、每堆的具体数量或件数,否则容易出现差错,发生纠纷。

有些产品(如钢材、水泥、纸张等)允许有一定范围内的差额,如正负尾差、合理磅差和自然减(增)量等。对于这些差额幅度,应在合同中明确规定出来,如主管部门有规定差额的,按规定执行;没有规定的,当事人应自行协商确定。

交货数量的正负尾差是指供方实际交货数量与合同规定的交货数量之间的最大正负差额。合理磅差是指供方发货数量与需方验收数量之间的差额在合同规定的正负尾差和合理磅差的范围内,需方对供方少交部分不能要求补交,供方也不能要求需方退回多交部分;如果供方交付产品数量的尾差和需方验收时的磅差超过了合同规定的范围,需方有权要求供方补交少交部分或退回多交部分。

自然减量是指产品因在运输过程中的自然损耗而使实际验收数与实际发货数之间出现的差额。在有关部门规定的损耗定额以内的,由需方自行处理。超过定额损耗的,其超过部分按不同情况区别处理。属于承运部门责任的,向承运部门索赔;属于供方责任的,在规定时间内向供方索赔。

4.包装条款

产品的包装标准是对产品包装的类型、规格、容量、印刷标志以及产品的盛放、衬垫、封袋方法等统一规定的技术要求。产品的包装是产品安全运送和完好储存的重要保证。包装问题也是物资采购供应合同的重要内容,但却在许多合同里被忽视，常常引起纠纷。因此，为了保证货物的安全运输和完好储存，双方必须对包装条款作出明确规定。

5. 交货条款

交货条款包括明确交货的单位、交货方法、运输方式、到货地点、提货人、交(提)货期限等内容。

建筑物资的交货单位通常是供方或供方委托的单位。如果供方亲自送货，那么供方为交货单位；如果供方为托运人，交给运输部门托运，那么承运单位为交货单位。

交货方法包括一次交货、分期分批交货、供方送货、供方代办托运、需方自提、需方派人押运等。交货方法要在合同中做出明确规定。供需双方无论在两地或一地，一般都应由供方实行送货或代办托运，特别是在两地相距较远的地方，更应由供方负责送货或代办托运。

运输方式是指建筑物资在空间实际转移过程中所采取的方法。运输方式可分为铁路运输、公路运输、水路运输、航空运输、管道运输及民间运输等。当事人在签订物资采购供应合同时，应根据各种运输工具的特点，结合产品的特性和数量、路程的远近、供应任务的缓急等因素协商选择合理的运输路线和工具。

到货地点即合同履行地。合同履行地一般在合同中明确规定。通常履行地与交货方式有关，需方自提、自运的，合同履行地为供方所在地；送货或代运式的，合同履行地为需方所在地或其他地点。合同应对建设物资到达的地点(包括码头、车站或专用线)做出尽可能具体明确的规定。

提货人一般是物资采购供应合同的需方当事人，但是，在有的物资采购供应合同中，需方是为第三方采购的建设物资。这时，提货人可能是第三方，也有可能为需方委托的第三方提货人。因此，为了避免发生差错，应在合同中明确具体的提货人。

交(提)货期限，即货物由供方转移给需方的具体时间要求，它涉及合同是否按期履行问题和货物意外灭失危险的责任承担问题。合同中的建设物资交(提)货期限，应写明月份。有一定条件和季节性强的产品，要规定更具体的交货期限(如时、日等)；有特殊原因的，也可以按季度规定交货期限。生产周期超过一年的专用设备和试制产品，可以由供需双方商定交货期限。不得订立没有交货期限的合同。

确定和计算交(提)货的期限，实行供方送货或代运的产品，以供方发运产品时承运部门签发戳记的日期为准(法律另有规定或当事人另行约定者除外);合同规定由需方自提产品的,以供方按合同规定通知的提货日期为准。但供方的通知应给需方必要的途中时间。实际交(提)货日期早于或迟于合同规定期限的,即视为提前或逾期交(提)货,有关当事人应承担相应的责任。

6.验收条款

验收是指需方按合同规定的标准和方法对货物的名称、品种、规格、型号、花色、数量、质量、包装等进行检测和测试,以确定是否与合同相符。

验收也是物资采购供应合同的一项主要条款。通过验收可以检验供方履行义务的好坏。如果验收不合格,那么需方有权拒付货款,要求供方修理、更换或退货等。

(1)验收依据。

供货方交付产品时,可以作为双方验收依据的资料如下:

第一,双方签订的采购合同;

第二,供货方提供的发货单、计量单、装箱单及其他有关凭证;

第三,合同内约定的质量标准,应写明执行的标准代号、标准名称;

第四,产品合格证、检验单;

第五,图纸、样品或其他技术证明文件;

第六,双方当事人共同封存的样品。

(2)验收内容。

验收内容主要包括产品的名称、规格、型号、数量是否正确无误;质量是否合格;设备的主机、配件是否齐全;包装是否完整,外表有无损坏;需要化验的材料是否进行必要的物理化学检验:合同规定的其他事项。

(3)验收方法。

①对数量主要检验是否与合同规定相符,具体可采取以下几种方法:

第一,衡量法,即根据各种物资不同的计量单位,进行检尺,衡量其长度、面积、体积、质量等;

第二,理论换算法;

第三,查点法,即定量包装的计件物资,包装内的产品数量由生产企业或封装单位负责,直接查点,不必拆开检验。

②对质量的检验验收方法主要有以下几种:

第一,经验鉴别,通过目测手触或常用的检验工具测量后即可判定是否符合合同规定；

第二，物理试验，如拉伸、压缩、冲击及硬度试验等；

第三，化学分析，即抽样进行定性或定量分析。

(4)验收标准。

验收标准要根据质量条款所确定的技术指标和质量要求来确定。如果质量标准是国家标准、行业(部)标准、企业标准，那么就分别按国家标准、行业(部)标准、企业标准验收；如果质量标准是双方当事人确定的其他标准，那么就按确定的标准验收，供方应附产品合格证或质量保证书及必要的技术资料；如果质量标准是以样品为依据的，双方要共同封存样品，分别保管，那么就按封存的样品进行验收。

(5)验收期限。

验收期限是确定双方责任的时间界限。验收一定要有时间限制，因为货物随着时间的推移，有自然损耗的问题，如不及时验收，一旦发生质量缺陷，不易分清责任。如果在验收期限内发现货物质量、数量等问题，就要视情况由供方或承运方负责；如果验收期限过后发现问题，则由需方自负。对于某些特殊产品，主管部门有验收期限，按规定执行。对于一般产品，如果是需方自提，则在提货时当面点清，即时验收；如果是供方送货或代运，则货到后 10 天内验收完。当然，双方也可以根据数量、验收手段、产品性质等另行确定验收时间。如果数量多，验收手段复杂，需要在试验室测试等，则可以规定较长的验收期限；如果数量少，验收手段简单，通过感观对货物进行外观验收的，就可以规定较短的验收期限；如果必须安装运行后才能发现质量缺陷，那么要确定安装运行后多长时间内作为验收期限。另外，用词上要准确、具体，避免出现“货到验收”“随时验收”等不确定的词语。

(6)验收地点。

验收地点是供、需双方行使权利和履行义务的空间界限，所以，合同一定要写明是在需方所在地验收，还是在供方所在地验收。般供方送货或代运的，以需方所在地为验收地；需方自提，则以供方所在地为验收地。双方也可以确定其他地点为验收地点。

(7)对产品提出异议的时间和办法。

合同内应具体写明采购方对不合格产品提出异议的时间和拒付货款的条件。在采购方提出的书面异议中，应说明检验情况，出具检验证明并对不符合规定的产品提出具体处理意见。凡因采购方使用、保管、保养不善原因导致的质量下降，供货方不承担责任。在接到采购方的书面异议通知后，供货方应在10天内（或合同商定的时间内）负责处理，否则即视为默认采购方提出的异议和处理意见。

7.货款结算条款

（1）支付货款的条件。合同内需明确是验单付款还是验货后付款，再约定结算方式和结算时间。验单付款是指对委托供货方代运的货物，供货方把货物交付承运部门并将运输单证寄给采购方，采购方收到单证后在合同约定的期限内予以支付的结算方式。尤其对分批交货的物资，每批交付后应在多少天内支付货款也应明确注明。

（2）结算支付的方式。结算支付方式可以是现金支付、转账结算或异地托收承付。现金结算只适用于成交货物数量少，且金额小的购销合同；转账结算适用于同城市或同地区内的结算；异地托收承付适用于合同双方不在同一城市的结算。

（3）拒付货款条件。采购方拒付货款，应当按照中国人民银行结算办法的拒付规定办理。采用异地托收承付结算时，如果采购方的拒付手续超过承付期，银行不予受理。采购方对拒付货款的产品必须负责接收，并妥善保管不准动用。如果发现动用，由银行代供货方扣收货款，并按逾期付款对待。采购方有权部分或全部拒付货款的情况大致包括以下几种：交付货物的数量少于合同约定，拒付少交部分的货款；拒付质量不符合合同要求部分货物的货款；供货方交付的货物多于合同规定的数量且采购方不同意接收部分的货物，在承付期内也可以拒付。

8.违约责任

物资采购供应合同签订后，供方、需方就应及时、全面地履行合同中约定的义务，如果一方或双方违反合同义务，迟延履行、不履行或不全面履行义务，就要承担相应的违约责任。

当事人任何一方不能正确履行合同义务时，均应以违约金的形式承担违约赔偿责任。双方应通过协商，将具体采用的比例数写明在合同条款内。

（1）供方的违约责任。

未能按合同约定交付货物。违约行为可能包括不能供货和不能按期供货两种情况。由于这两种错误行为给对方造成的损失不同，因此承担违约责任的形式也不完全一样。如果因供货方的原因导致不能全部或部分交货的，应按合同约定的违约金比例乘以不能交货部分货款计算违约金。当违约金不足以偿付采购方所受到的实际损失时，可以修改违约金的计算方法，使实际受到的损害能够得到合理的补偿。如施工承包人为了避免停工待料，不得不以较高价格紧急采购不能供应部分的货物而受到的价差损失等。

供货方不能按期交货的行为，又可以进一步区分为逾期交货和提前交货两种情况。

①逾期交货。无论合同内规定由供货方将货物送达指定地点交接，还是采购方自提，均要按合同约定依据逾期交货部分货款总价计算违约金。当约定由采购方自提货物而不能按期交付时，若发生采购方的其他额外损失，这笔实际开支的费用也应由供货方承担。如采购方已按期派车到指定地点接收货物，而供货方不能交付，则派车损失应由供货方支付费用。发生逾期交货事件后，供货方还应在发货前与采购方就发货的有关事宜进行协商。当采购方仍需要时，可继续发货，照数补齐，并承担逾期交货责任；如果采购方认为已不再需要，采购方有权在接到发货协商通知后的 15 天内，通知供货方办理解除合同手续，但逾期不予答复视为同意供货方继续发货。

②提前交货。属于约定由采购方自提货物的合同，采购方接到对方发出的提前提货通知后，可以根据自己的实际情况拒绝提前提货；对于供货方提前发运或交付的货物，采购方仍可按合同规定的时间付款，而且对多交货部分以及品种、型号、规格、质量等不符合合同规定的产品，在代为保管期内实际支出的保管、保养等费用由供货方承担。代为保管期内，不是因采购方保管不善原因而导致的损失，仍由供货方负责。

交货数量与合同不符。交货的数量多于合同规定，且采购方不同意接受时，可在承付期内拒付多交部分的货款和运杂费。合同双方在同一城市，采购方可以拒收多交部分；双方不在同一城市，采购方应先把货物接收下来并负责保管，然后将详细情况和处理意见在到货后的 10 天内通知对方。当交货的数量少于合同规定时，采购方凭有关的合法证明在承付期内可以拒付少交部分的货款，也应在到货后的 10 天内将详情和处理意见通知对方。供货方接到通知后应在 10 天内答复，否则视为同意对方的处理意见。

产品的规格、品种、质量不符合合同规定。如果需方同意使用，应当按质论价，由供方负责包修包换或者包退，并承担修理、调换、退货所支付的实际费用。不能修理或调换的，按不能交货处理。在交售建设物资中掺杂作假、以次充好的，需方有权拒收，供方同时应向需方偿付相应的违约金。

产品包装不符合合同规定。必须返修重新包装的，供方应当负责返修或重新包装，并承担因此支付的费用，由于返修或重新包装而造成逾期交货的，应偿付需方该不合格包装物低于合格包装物的价值部分。因包装不符合规定造成货物损坏或者灭失的，供方应当负责赔偿。

产品错发到货地点或接货单位（人）。除按合同规定负责运到规定的到货地点或接货单位（人）外，还应承担因此而多支付的运杂费；如果造成逾期交货，应偿付逾期交货的违约金。未经需方同意，擅自改变运输路线和运输工具的，应承担由此增加的费用。

（2）需方的违约责任。

中途退货或无故拒收送货或代运的产品，应偿付违约金、赔偿金，承担供方由此支付的费用并赔偿由此造成的损失。

未按合同规定的时间和要求提供应交的技术资料或包装物的，除交货日期得以顺延外，应比照中国人民银行有关延期付款的规定，按顺延交货部分总值计算，向供方支付违约金，并赔偿由此造成的损失。对不能提供技术资料和包装物的，按中途退货处理。

自提产品未按供方通知的日期或合同规定的日期提货的，应比照中国人民银行有关延期付款的规定，按逾期提货部分货款总值计算，向供方支付违约金，并承担供方在此期间所支付的保管费、保养费。

未按合同规定日期付款的，应比照中国人民银行延期付款的规定支付供方违约金。在此期间，遇国家规定的价格上涨的，按新价格结算；价格下降的，按原价格结算。

错填或临时变更到货地点的，承担由此而多支付的费用。

在合同规定的验收期限内未进行验收或验收后在规定的期限内未提出异议，即视为默认。对于提出质量异议或因其他原因拒收的一般产品，在代保管期内，必须按原包装妥善保管、保养，不得动用，一经动用即视为接收，应按期向供方付款，否则按延期付款处理。

（三）物资设备采购合同的履行

物资设备采购合同依法订立后，当事人应当全面履行合同规定的义务，否则，不仅影响到当事人的经济利益，而且会影响施工合同的全面履行。因此，要求合同当事人按照“实际履行原则”和“全面履行原则”履行经济合同。

1. 按约定的标的履行

卖方交付的货物必须与合同规定的名称、品种、规模、型号相一致，这是贯彻实际履行原则的根本要求。除非买方同意，卖方不得以其他货物代替合同的标的，也不允许以支付违约金或赔偿金的方式，代替履行合同，特别是在标的材料的市场波动比较大的情况下。

2.按合同规定的期限、地点交付货物

交付货物的日期应在合同规定的交付期限内，交付的地点应符合合同的指定地点。如果实际交付日期早于或迟于合同规定的交付期限，即视为提前交付或逾期交付。提前交付，买方可拒绝接受；逾期交付，应承担逾期交付的责任。

交付标的应视为买卖双方的行为，只有在双方协调配合下才能完成货物的移交，而不应视为只是卖方的义务。对于买方来说，依据合同规定接受货物既是权利也是义务，不能按合同规定接受货物同样应当承担责任。

3.按合同规定的数量和质量交付货物

对于交付的货物应当场检验，清点数目后，由双方当事人签字。交付货物的外在质量可当场检验，内在质量需做物理或化学试验的，以试验结果为验收的依据。卖方在交货时，应将产品合格证(或质量保证书)随同产品(或运单)交给买方据以验收。

在合同履行中，货物质量是比较容易发生争议的方面，特别是工程施工用料必须经监理人认可，因此，买方在验收材料时，可根据需要采取适当的验收方式，比如驻厂验收、入库验收或提运验收等，以满足工程施工对材料的要求。

4.物资设备采购合同的变更或解除

在合同履行过程中，如需变更合同内容或解除合同，都必须依据《合同法》有关规定执行。一方当事人要求变更或解除合同时，在未达成新的协议前，原合同仍然有效。要求变更或解除合同一方应及时将自己的意图通知对方，对方也应在接到书面通知后 15 天内或在合同约定的时间内予以答复，逾期不答复的视为默认。

物资设备采购合同变更的内容可能涉及订购数量的增减、包装物标准的改变、交货时间和地点的变更等方面。采购方对合同内约定的订购数量不得少要或不要，否则要承担中途退货的责任。只有当供货方不能按期交付货物，或交付的货物存在严重质量问题而影响工程使用，采购方认为继续履行合同已成为不必要时，才可以拒收货物，甚至解除合同关系。如果采购方要求变更到货地点或接货人，应在合同规定的交货期限届满前40天通知供货方，以便供货方修改发运计划和组织运输工具。迟于上述规定期限，双方应当立即协商处理。如果已不可能变更或变更后会发生额外费用支出的，其后果均应由采购方负责。

5.违约责任

在合同履行过程中，任何一方都不应借故延迟履约或拒绝履行合同义务，否则应追究违约当事人的法律责任。

(1)由于卖方交货不符合合同规定，如交付设备不符合合同规定的标准，交付的设备未达到质量技术要求，数量、交货日期等与合同规定不符，卖方应承担违约责任。

(2)由于卖方中途解除合同，买方可采取合理的补救措施，并要求卖方赔偿损失。

(3)买方在验收货物后，不能按期付款时，应按中国人民银行有关延期付款的规定支付违约金。

(4)买方中途退货，卖方可采取合理的补救措施，并要求买方赔偿损失。

四、大型设备采购合同管理

(一)大型设备采购合同的主要内容

大型设备采购合同是指采购方(通常为业主，也可能是承包人)与供货方(大多为生产厂家，也可能是供货商)为提供工程项目所需的大型复杂设备而签订的合同。大型设备采购合同的标的物可能是非标准产品，需要专门加工制作，也可能虽为标准产品，但技术复杂而市场需求量较小，一般没有现货供应，需双方签订合同后由供货方专门进行加工制作，因此属于承揽合同的范畴。一个较为完备的大型设备采购合同，通常由合同条款和附件组成。

1.合同条款

当事人双方在合同内根据具体订购设备的特点和要求，约定内容包括：合同中的词语定义；合同标的；供货范围；合同价格；付款；交货和运输；包装与标记；技术服务；质量监造与检验；安装、调试、时运和验收；保证与索赔；保险；税费；分包与外购；合同的变更、修改、中止和终止；不可抗力；合同争议的解决；其他。

2. 附件

为了对合同中某些约定条款涉及内容较多部分做出更为详细的说明，还需要编制附件部分。附件通常可能包括：技术规范；供货范围；技术资料的内容和交付安排、交货进度；监造、检验和性能验收试验；价格表；技术服务的内容；分包和外购计划；大部件说明表等。

（二）大型设备采购合同的设备监造

设备监造也称设备制造监理，是指在设备制造过程中采购方委托有资质的监造单位派出驻厂代表，对供货方提供合同设备的关键部位进行质量监督。但质量监造不解除供货方对合同设备质量应负的责任。

设备制造前，供货方向监理提交订购设备的设计、制造及检验标准，包括与设备监造有关的标准、图纸、资料、工艺要求。在合同约定的时间内，监理应组织有关方面和人员进行会审，然后尽快给予同意与否的答复。尤其是对生产厂家定型设计的图纸需要做部分改动要求时，对修改后的设计应进行慎重审查。

1. 设备监造方式

监理对设备制造过程的监造实行现场见证和文件见证。

（1）现场见证。

①以巡视的方式监督生产制造过程，检查使用的原材料、元器件质量是否合格，制造操作工艺是否符合技术规范的要求等。

②接到供货方的通知后，参加合同内规定的中间检查试验和出厂前的检查试验。

③在认为必要时，有权要求进行合同内没有规定的检验。如对某一部分的焊接质量有疑问，可以对该部分进行无损探伤试验。

（2）文件见证。

文件见证是指检查或检验质量达到合同规定的标准后，在检查或试验记录上签署认可意见，并将制造过程中的有关问题以文件形式发给供货方。

2. 对制造质量的监督

（1）监督检验的内容。

采购方和供货方应在合同内约定设备监造的内容，监理依据合同的规定进行检查和试验。具体内容可能包括监造的部套(以订购范围确定);每套的监造内容;监造方式(可以是现场见证、文件见证或停工待检);检验的数量等。

(2)检查和试验的范围。

①原材料和元器件的进厂检验。

②部件的加工检验和试验。

③出厂前预组装检验。

④包装检验。

(3)制造质量责任。

①监理在监造中对发现的设备和材料质量问题及不符合规定标准的包装,提出改正意见但暂不予以签字时,供货方需采取相应改进措施保证交货质量。无论监理是否要求和是否知情,供货方均有义务主动、及时地向其提供设备制造过程中出现的较大的质量缺陷和问题,不得隐瞒,在监理不知道的情况下,供货方不得擅自处理。

②监理代表发现重大问题要求停工检验时,供货方应当遵照执行。

③无论监理是否参与监造与出厂检验,或者参加了监造与检验并签署了监造与检验报告,均不能被视为免除供货方对设备质量应负的责任。

(4)监理工作应注意的事项。

①制造现场的监造检验和见证,尽量结合供货方工厂实际生产过程进行,不应影响正常的生产进度(不包括发现重大问题时的停工检验)。

②监理应按时参加合同规定的检查和试验。若监理不能按供货方通知的时间及时到场,供货方工厂的试验工作可以正常进行,试验结果有效。但是监理有权事后了解、查阅、复制检查试验报告和结果(转为文件见证)。若供货方未及时通知监理代表而单独检验,监理不承认该检验结果的,则供货方应在监理在场的情况下进行该项试验。

③供货方供应的所有合同设备、部件(包括分包与外购部分),在生产过程中都需要进行严格的检验和试验,出厂前还需进行部套或整机总装试验。所有检验、试验和总装(装配)必须有正式的记录文件。只有以上所有工作完成后才能出厂发运。这些正式记录文件和合格证明提交给监理,作为技术资料的一部分存档。另外,供货方还应在文件中提供合格证和质量证明文件。

3.对生产进度的监督

(1)对供货方在合同设备开始投料制造前提交的整套设备的生产计划进行审

查并签字认可。

(2)每个月末供货方均应提供月报表,说明本月包括制造工艺过程和检验记录在内的实际生产进度以及下一个月的生产、检验计划。中间检验报告需说明检验的时间、地点、过程、试验记录以及不一致性原因分析和改进措施。监理审查同意后,作为对制造进度控制和与其他合同及外部关系进行协调的依据。

(三)大型设备采购合同的现场交货

1.准备工作

(1)供货方应在发运前合同约定的时间内向采购方发出通知,以便对方做好接货准备工作。

(2)供货方向承运部门办理申请发运设备所需的运输工具计划,负责合同设备从供货方到现场交货地点的运输。

(3)供货方在每批货物备妥及装运车辆(船)发出24小时内,应以电报或传真形式将该批货物的以下内容通知采购方:合同号;机组号;货物备妥发运日期;货物名称及编号和价格;货物总毛重;货物总体积;总包装件数;交运车站(码头)的名称、车号(船号)和运单号;重量超过20吨或尺寸超过9米×3米×3米的每件特大型货物的名称、重量、体积和件数。还应对每件设备(部件)标明重心和吊点位置,并附有草图。

(4)采购方应在接到发运通知后做好现场接货的准备工作,并按时到运输部门提货。

(5)如果采购方要求供货方推迟设备发货,应及时通知对方,并承担推迟期间的仓储费和必要的保养费。

2.到货检验

(1)检验程序。

①检验通知。货物到达目的地后,采购方向供货方发出到货检验通知,邀请对方派代表共同进行检验。

②货物清点。双方代表共同根据运单和装箱单对货物的包装、外观和件数进行清点。如果发现任何不符之处,经过双方代表确认属于供货方责任后,由供货方处理解决。

③开箱检验。货物运到现场后,采购方应尽快与供货方共同进行开箱检验,

如果采购方未通知供货方而自行开箱或每一批设备到达现场后在合同规定时间内不开箱，产生的后果由采购方承担。双方共同检验货物的数量、规格和质量，检验结果和记录对双方有效，并作为采购方向供货方提出索赔的证据。

(2)设备损害、缺陷、短少的责任。

①现场检验时，如发现设备由于供货方原因(包括运输)有任何损坏、缺陷、短少或不符合合同中规定的质量标准和规范，应做好记录，并由双方代表签字，各执一份，作为采购方向供货方提出修理或更换索赔的依据。如果供货方要求采购方修理损坏的设备，所有修理设备的费用由供货方承担。

②由于采购方原因，发现损坏或短缺，供货方在接到采购方通知后，应尽快提供或更换相应的部件，但费用由采购方自负。

③供货方如对采购方提出修理、更换、索赔的要求有异议，应在接到采购方书面通知后合同约定的时间内提出，否则上述要求默认成立。如有异议，供货方应在接到通知后派代表赴现场同采购方代表共同复验。

④双方代表在共同检验中对检验记录不能取得一致意见时，可由双方委托的权威第三方检验机构进行裁定检验。检验结果对双方都有约束力，检验费用由责任方负担。

⑤供货方在接到采购方提出的索赔后，应按合同约定的时间尽快修理、更换或补发短缺部分，由此产生的制造、修理和运费及保险费均应由责任方负担。

(四)大型设备采购合同的设备安装验收

1.启动试车

安装调试完毕后，双方共同参加启动试车的检验工作。试车可分为无负荷空运和带负荷试运行两个步骤进行，且每一个阶段均应按技术规范要求的程序维持一定的持续时间，以检验设备的质量。试验合格后，双方在验收文件上签字，正式移交采购方进行生产运行。若检验不合格，属于设备质量原因，由供货方负责修理、更换并承担全部费用；如果是因为工程施工质量问题，则由采购方负责拆除后纠正缺陷。无论何种原因试车不合格，经过修理或更换设备后应再次进行试车试验，直到满足合同规定的试车质量要求为止。

2.性能验收

性能验收又称性能指标达标考核。启动试车只是检验设备安装完毕后是否能够顺利安全运行,但各项具体的技术性能指标是否达到供货方在合同内承诺的保证值还无法判定,因此,合同中均要约定设备移交试生产稳定运行多少个月后进行性能测试。由于合同规定的性能验收时间采购方已正式投产运行,这项验收试验由采购方负责,供货方参加。

试验大纲由采购方准备,与供货方讨论后确定。试验现场和所需的人力、物力由供货方提供。供货方应提供试验所需的测点、一次性元器件和装设的试验仪表,并做好技术配合和人员配合工作。

性能验收试验完毕,每套合同设备都达到合同规定的各项性能保证值指标后,采购方与供货方共同签订合同设备初步验收证书。

如果合同设备经过性能测试检验未能达到合同约定的一项或多项保证指标,可以根据缺陷或技术指标试验值与供货方在合同内的承诺值偏差程度,按下列原则区别对待。

(1)在不影响合同设备安全、可靠运行的条件下,如有个别微小缺陷,供货方在双方商定的时间内免费修理,采购方则可同意签署初步验收证书。

(2)如果第一次性能验收试验达不到合同规定的一项或多项性能保证值,则双方应共同分析原因,澄清责任,由责任一方采取措施,并在第一次验收试验结束后合同约定的时间内进行第二次验收试验。如能顺利通过,则签署初步验收证书。

(3)在第二次性能验收试验后,如仍有一项或多项指标未能达到合同规定的性能保证值,按责任的原因分别对待。

①属于采购方原因,合同设备应被认为初步验收通过,共同签署初步验收证书。此后供货方仍有义务与采购方一起采取措施,使合同设备性能达到保证值。

②属于供货方原因,则应按照合同约定的违约金计算方法赔偿采购方的损失。

(4)在合同设备稳定运行规定的时间后,由于采购方原因造成性能验收试验延误,超过约定的期限,采购方也应签署设备初步验收证书,视为初步验收合格。

初步验收证书只是证明供货方所提供的合同设备性能和参数截至出具初步验收证明时可以按合同要求予以接受的证据,不能视为供货方对合同设备中存在的可能引起合同设备损坏的潜在缺陷所应负责任解除的证据。潜在缺陷是指设备的隐患在正常情况下不能在制造过程中被发现,供货方应承担纠正缺陷责任。供货方的质量缺陷责任期限应保证到合同规定的保证期终止后或到第一次大修理时。当发现这类潜在缺陷时,供货方应按照本合同的规定进行修理或更换。

3.最终验收

(1)合同内应约定具体的设备保证期限,保证期从签发初步验收证书之日起开始计算。

(2)在保证期内的任何时候,如果由于供货方责任而需要进行检查、试验、再试验、修理或更换,当供货方提出请求时,采购方应做好安排并配合上述工作。供货方应负担修理或更换的费用,并按因实际修理或更换使设备停运所延误的时间将保证期限相应延长。

(3)如果供货方委托采购方施工人员进行加工、修理、更换设备,或由于供货方设计图纸错误以及因供货方技术服务人员的指导错误造成返工,供货方应承担由此所发生的合理费用。

(4)合同保证期满后,采购方在合同规定时间内应向供货方出具合同设备最终验收证书。条件是此前供货方已完成采购方保证期满前提出的各项合理索赔要求,设备的运行质量符合合同的约定。供货方对采购方人员的非正常维修和错误操作以及正常磨损造成的损失不承担责任。

(5)每套合同设备最后一批交货到达现场之日起,如果因采购方原因在合同约定的时间内未能进行试运行和性能验收试验,期满后即视为通过最终验收。此后,采购方应与供货方共同会签合同设备的最终验收证书。

(五)大型设备采购合同的价格与支付

1.合同价格

设备采购合同通常采用固定总价合同,在合同交货期内为不变价格。合同价格包括合同设备(含备品备件、专用工具)、技术资料、技术服务等费用,还包括合同设备的税费、运杂费、保险费等与合同有关的其他费用。

2.付款

(1)支付条件。

合同生效后,供货方提交金额为约定的合同设备价格某一百分比不可撤销的履约保函,作为采购方支付合同款的先决条件。

(2)支付程序。

第一,合同设备款的支付。订购的合同设备价格分三次支付:

①设备制造前供货方提交履约保函,金额为合同设备价格的 10%商业发票,采购方支付合同设备价格的 10%作为预付款;

②供货方按交货顺序在规定的时间内将每批设备(部组件)运到交货地点,并将该批设备的商业发票、清单、质量检验合格证明、货运提单提供给采购方,支付该批设备价格的 80%;

③剩余合同设备价格的 10%作为设备保证金,待每套设备保证期满且没有问题后,采购方签发设备最终验收证书后支付。

第二,技术服务费的支付。合同约定的技术服务费分两次支付:

①第一批设备交货后,采购方支付给供货方该套合同设备技术服务费的 30%;

②每套合同设备通过机组性能验收试验,初步验收证书签署后,采购方支付该套合同设备技术服务费的 70%。

第三,运杂费的支付。运杂费在设备交货时由供货方分批向采购方结算,结算总额为合同规定的运杂费。

第三章　建筑工程物资的库存管理与控制

第一节　建筑材料储备管理

一、建筑材料储备管理概述

材料储备管理是指对仓库全部材料的收、储、管、发业务和核算活动实施的管理。

材料储备管理是材料从流通领域进入企业的“监督关”，是材料投入施工生产消费领域的“控制关”，是工程物资保质、保量、完整无缺的“监护关”。所以，材料储备管理工作负有重大的经济责任。

（一）仓库的分类和规划

1. 仓库的分类

(1)按储存材料的种类划分。

①综合性仓库。综合性仓库建有若干库房，储存各种各样的材料。如在同一仓库中储存钢材、电料、木料、五金、配件等。

②专业性仓库。专业性仓库只储存某一类材料。如钢材库、木料库、电料库等。

(2)按保管条件划分。

①普通仓库。普通仓库用来储存没有特殊要求的一般性材料。

②特种仓库。某些材料对库房的温度、湿度、安全有特殊要求，特种仓库就是按照不同的要求设立的库房，如保温库、燃料库、危险品库等。水泥由于粉尘大，防潮要求高，因而水泥库也是特种仓库。

(3)按建筑结构划分。

①封闭式仓库。封闭式仓库指有屋顶、墙壁和门窗的仓库。

②半封闭式仓库。半封闭式仓库指有顶无墙的料库、料棚。

③露天料场。露天料场主要储存不易受自然条件影响的大宗材料。

(4)按管理权限划分。

①中心仓库。中心仓库指大中型企业（公司）设立的仓库。这类仓库材料吞

吐量大，主要材料由公司集中储备，也叫作一级储备。除远离公司独立承担任务的工程处核定储备资金控制储备外，公司下属单位一般不设仓库，避免层层储备，分散资金。

②总库。总库指公司所属项目经理部或工程处(队)所设施工备料仓库。

③分库。分库指施工队及施工现场所设的施工用料准备库，业务上受项目经理部或工程处(队)直接管辖，统一调度。

2.仓库的规划

(1)仓库位置的选择。

材料仓库的位置是否合理，直接关系到仓库的使用效果。仓库位置选择的基本要求是“方便、经济、安全”。

①交通方便。材料的运送和装卸都要方便。材料中转仓库最好靠近公路(有条件的设专用线)；以水运为主的仓库要靠近河道码头；现场仓库的位置要适中，以缩短到各施工点的距离。

②地势较高。地形平坦，便于排水、防洪、通风、防潮。

③环境安全。周围无腐蚀性气体、粉尘和辐射性物质。危险品库和一般仓库要保持一定的安全距离，与民房或临时工棚也要有一定的安全距离。

④有合理布局的水电供应设施，做消防、作业、安全和生活之用。

(2)仓库的合理布局。

仓库的合理布局能为仓库的使用、运输、供应和管理提供方便，降低仓库各项业务费用。合理布局的要求如下。

①适应企业施工生产发展的需要。根据施工生产规模、材料资源供应渠道和供应范围、运输和进料间隔等因素，考虑仓库规模。

②纳入企业环境的整体规划。按企业的类型来考虑，如按城市型企业、区域性企业、现场型企业不同的环境情况和施工点的分布及规模大小来合理布局。

③企业所属各级各类仓库应合理分工。根据供应范围、管理权限的划分情况来进行仓库的合理布局。

④根据企业耗用材料的性质、结构、特点和供应条件，并结合新材料、新工艺的发展趋势，综合考虑材料品种及保管、运输、装卸条件等进行布局。

(3)仓库面积的确定。

仓库和料场面积的确定是规划和布局时需要首先解决的问题。可根据各种材料的最高储存数量、堆放定额和仓库面积利用系数进行计算。

①仓库有效面积的确定。有效面积是实际堆放材料的面积或摆放货架货柜所占的面积,不包括仓库内的通道、材料架与架之间的空地面积。

②仓库总面积计算。仓库总面积为包括有效面积、通道及材料架与架之间的空地面积在内的全部面积。

(4)仓库材料储备规划。

仓库材料的储存规划是在仓库合理布局的基础上,对应储存的材料做全面、合理的具体安排,实行分区分类、货位编号、定位存放、定位管理。储存规划的原则是布局紧凑、用地节省、保管合同、作业方便,符合防火、安全要求。

(二)材料储备管理在施工企业生产中的地位和作用

材料储备管理是保证施工生产顺利进行的必不可少的条件,是保证材料流通的重要环节。加强材料储备管理,可以加速材料的周转,减少库存,防止新的积压,减少资金占用,从而促进物质的合理使用和流通费用的节约。

材料储备管理是材料管理的重要组成部分。材料储备管理是联系材料供应、管理、使用三方面的桥梁,储备管理直接影响材料供应管理工作目标的实现。材料储备管理是保持材料使用价值的重要手段。材料储备中的合理保管、科学保养,是防止或减少材料损害、保持其使用价值的重要手段。

(三)材料储备管理的基本任务

材料储备管理是以优质的储运劳务管好仓库物资,为按质、按量、及时、准确地供应施工生产所需的各种材料打好基础,确保施工生产的顺利进行。其基本任务是:①组织好材料的收、发、保管、保养工作。要求达到快进、快出、多储存、保管好、费用省的目的,为施工生产提供优质服务;②建立和健全合理的、科学的仓库管理制度,不断提高管理水平;③不断改进材料储备技术,提高仓库作业的机械化、自动化水平;④加强经济核算,不断提高仓库经营活动的经济效益;⑤不断提高材料储备管理人员的思想、业务水平,培养一支储备管理的专职队伍。

(四)材料储备的分类

建筑企业材料储备处于生产领域内,是生产储备,分为经常储备、保险储备和季节储备。

1. 经常储备

经常储备也称周转储备，是指在正常供应条件下的供应间隔期内，施工生产企业为保证生产的正常进行而需经常保持的材料库存。经常储备在进料后达到最大值，称为最高经常储备；随着材料陆续投入使用而逐渐减少，在下一批材料到货前，降到最小值，称为最低经常储备。材料储备到最低经常储备值时，须补充进料至最高经常储备，这样周而复始，形成循环。

2. 保险储备

保险储备是指在材料不能按期到货、到货不合用或材料消耗速度加快等情况下，为保证施工生产的正常进行而建立的保险性材料库存。施工生产企业平时不动用保险储备，只在必要时动用且需立即补充。

保险储备不必要对所有材料建立，主要针对一些不容易补充、对施工生产影响较大而又不能用其他材料代替的材料。

3. 季节储备

季节储备是指由于季节变换的原因导致材料生产中断，而生产企业为保证施工生产的正常进行，必须在材料生产中断期内建立的材料库存。

季节储备在材料生产中断前，将材料生产中断期间的全部需用量一次或分批购进、存储、备用，直至材料恢复生产可以进料时，再转为经常储备。由于某些材料在施工消费上也具有季节性，这样的材料一般不需要建立季节储备，只要在用料季节建立季节性经常储备。

另外，还有一些潜在的资源储备，如处于运输和调拨途中的在途储备，已到达仓库但未正式验收的待验储备等，这些储备虽不能使用，也不被单独列入材料储备定额，但是它们同样占用资金，所以计算储备资金定额时，要将其加入计算。

（五）影响企业材料储备的因素

建筑企业材料储备受到很多因素的影响，如材料消耗特点、供应方式、材料生产和运输等。

1. 施工生产中材料消耗的特点

施工生产中材料消耗的突出特点是不均衡性和不确定性。一方面，建筑材料的生产受到季节性的影响。另一方面，在施工中，单位工程的不同施工阶段可能发生任务变更或设计变更，这些都会影响材料消耗，使其呈现出错综复杂的特点。因此，使用统计资料得到的储备定额在执行中往往与实际消耗有些出入，所以必须注意加以调整，以适应不同情况的需要。对于一些特殊的材料，要随时关注耗用情况，提前订货储备，保证施工使用。总之，材料储备要适应各种材料消耗的不同特点，符合材料消耗规律，避免发生缺料、断料，保证施工生产顺利进行。

2. 材料的供应方式

不同的材料供应方式对施工生产的供料保证程度不尽相同，同时也决定了不同模式的材料储备。

3. 材料的生产和运输

材料生产具有周期性和批量性，而材料消耗却具有配套性和随机性。材料的成批生产和配套消耗之间的矛盾可以由材料储备来调节。另外，材料资源和供应间隔期受运输能力的影响和制约，也会影响材料的正常储备。

4. 材料储备资金

建筑企业材料储备资金主要包括三个部分：①在库储备材料占用的资金；②在途储备材料占用的资金；③处于生产阶段储备材料占用的资金。

材料储备受到资金的限制，建筑生产周期较长，使得资金占用和周转期较长；而且目前工程项目施工中企业都有不同程度的垫资，导致资金普遍紧张，资金决定了企业是否可以进行较大规模的材料储备。

5. 市场资源状况

市场资源对材料储备有着直接的影响。市场资源充裕，经营机构分布合理，流通机构服务良好可以使施工企业依靠外部的储备功能而降低自身的材料储备量。市场资源短缺的情况下，要保证生产顺利进行，就需要企业有充足的自我储备和较强的调节能力。

6. 材料管理水平

材料管理水平也会影响材料储备的情况。材料计划的制定、材料采购管理的水平、材料定额的准确性以及各部门之间协作配合的能力和程度等，都影响着企业在材料储备运作中的水平。

在企业做出储备决策之前，要通过具体的分析，考虑各种影响因素的综合作用。同时，由于施工生产的多变性及材料生产的季节性等因素，还要考虑不同时期不同因素的变化情况，及时、准确地调整储备定额，以适应施工生产的实际需要。

二、建筑材料储备定额

（一）材料储备定额的意义

材料储备定额，又称材料库存周转定额，是指在一定的生产技术和组织管理条件下，为保证施工生产正常进行而规定的合理储存材料的数量标准。

由于施工快，而且连续不断地进行，要求所需材料连续不断地供应。但材料供应和消费之间总有时间的间隔和空间的距离，有的材料使用前还需加工处理，材料的采购、运输、供应等环节也可能发生某些意外而不能如期供给。因此，建立一定数量的材料储备是必需的。

显然，当材料储备量保持在施工生产正常进行所必要的限度内时，这种储备才具有积极意义。储备过多会造成呆滞积压、占用资金过多；储备过少会导致施工生产中断、停工待料，带来损失。因此，研究材料储备的主要目的在于寻求合理的储备量。

（二）材料储备定额的作用

（1）材料储备定额是企业编制材料供应计划、订购批量和进料时间的重要依据。

（2）材料储备定额是掌握和监督材料库存变化，促使库存量保持合理水平的标准。

（3）材料储备定额是企业核定储备资金定额的重要依据。

（4）材料储备定额是确定仓库面积、保管设施及人员的依据。

（三）材料储备定额的分类

1. 按定额计算单位不同分类

（1）材料储备期定额。

材料储备期定额，又称相对储备定额，是以储备天数为计算单位的，它表明库存材料可供多少天使用。

(2)实物储备量定额。

实物储备量定额,又称绝对定额,表明在储备天数内库存材料的实物数量。它采用材料本身的实物计量单位,如吨、立方米等。实物储备量定额主要用于计划编制、库存控制及仓库面积计算等。

(3)储备资金定额。

储备资金定额以货币单位表示,是核定流动资金、反映储备水平、监督和考核资金使用情况的依据。它主要用于财务计划和资金管理。

2. 按定额综合程度分类

(1)品种储备定额。

品种储备定额是将主要材料分品种核定的储备定额。如钢材、水泥、木材、砖、砂、石等。其特点是占用资金多而品种不多,对施工生产的影响大,应分品种核定和管理。

(2)类别储备定额。

类别储备定额是指按企业材料目录的类别核定的储备定额。如五金零配件、油漆、化工材料等。其特点是所占用资金不多而品种较多,对施工生产的影响较大,应分类别核定和管理。

3. 按定额限期分类

(1)季度储备定额。

季度储备定额适用于设计不定型、生产周期长、耗用品种有阶段性、耗用数量不均衡等情况。

(2)年度储备定额。

年度储备定额适用于产品比较稳定,生产和材料消耗都较均衡等情况。

此外,按照对生产需用保证的阶段不同,材料储备定额包括经常储备定额、保险储备定额和季节储备定额。

(四)材料储备定额的制定

建筑材料储备属于生产储备,其基本目标是保证生产的顺利进行。正确制定材料储备定额,有利于材料的采购供应工作,减少材料储备对生产的负面影响。

1.经常储备定额的制定

经常储备定额是指在正常情况下为保证两次进货间隔期内材料需用而确定的材料储备数量标准。经常储备数量随着进料、生产、使用由最大值到最小值呈周期性变化，所以也称为周转储备。每次进料时，经常储备量上升至最大值；此后随着材料的不断消耗而逐渐减少，到下次进料前，经常储备量减少至最小值。

在经常储备中，两次进料的间隔时间称为供应间隔期，以“天”计算；每次进料的数量称为进货批量，其确定方法一般有供应期法和经济批量法。

（1）供应期法。

经常储备定额考虑的是两批材料供应间隔期内的材料正常消耗需用，等于供应间隔期与平均每日材料需用量的乘积。其计算公式为：

经常储备定额＝平均每日材料需用量×供应间隔期

上述计算公式中，供应间隔期反映进货的间隔时间。材料到货验收合格入库后，还要经过库内堆码、备料、发放以及投入使用前的准备工作。决定进货时间时必须考虑这些工作所占用的时间。但是就两次相同作业的间隔时间来说，如果验收天数、加工准备天数都是相同的，且按进货间隔期相继进货，则上述作业时间不影响供应间隔期长短，不必在供应间隔期之外再考虑，以免重复计算，增加储备量。

不同的供应间隔期确定方法有不同的适用条件。

①按需用企业的送料周期确定供应期。对于资源比较充足、需用单位能够预先规定进货日期的材料，可以按需用企业的送料周期确定供应期，企业材料供应部门根据生产用料特点、投料周期和本身的备料、送料能力，预先安排供应进度，规定供应周期。送料周期可作为确定供应期的依据。

②按供货企业或部门的供货周期确定供应期。不少供货企业规定了材料供货周期，如按月供货或按季供货，但在合同中没有分期（按旬、周）交货的条款。这时，如果供货周期天数大于需用单位送料周期天数，为了保证企业内部供料不致中断，就必须按供货企业的供货周期提前一个周期备料。在实际材料供应中，供应间隔期是不均等的。因此在测算材料储备定额时，必须以平均供应间隔期来测定。计算平均供应间隔期时，应采用加权平均计算方法计算，以减少误差。

（2）经济批量法。

按照经济采购批量确定经常储备定额，可获得综合成本最低的经济批量。以经济采购批量作为某种材料的经常储备定额时，是在一个经济批量的经常储备定额耗尽时，再进货补充一个经济批量的材料。由于材料需用不是绝对均衡的，消耗一个经济批量材料的时间不是固定的，因而也没有固定的进货间隔期。

2.保险储备定额的制定

保险储备定额是指在供应过程中，出现非正常情况致使经常储备数量耗尽，为防止生产停工待料而建立的储备材料的数量标准。

在材料的采购、运输、加工、供应中任何一个环节出现差错，造成已到进货时间而没有进货的情况下，为保证生产进行也需要动用保险储备。

保险储备定额没有周期性变化规律。正常情况下，保险储备定额保持不变，只有在发生了非正常情况，如采购误期、运输延误、材料消耗量突然增大时，造成经常储备量中断，才会动用保险储备数量。一旦动用了保险储备，下次进料时必须予以补充，否则将影响下一个周期的材料需用。

材料供应中的非正常情况往往是由多方面因素引起的，事先难以估计，所以要准确地确定保险储备定额比较困难。一般是通过分析需用量变化比例、平均误期天数和临时订购所需天数等来确定保险储备天数。

(1)按临时需用的变化比例确定保险储备天数。

按临时需用的变化比例确定保险储备天数主要是从企业内部因素考虑，适用于外部到货规律性强、误期到货少而内部需要不够均衡、临时需要多的材料。由于施工任务调整或其他因素变化，材料消耗速度会超过正常情况下的材料消耗速度，按照正常情况下的材料消耗速度设计的材料储备量不能满足这种情况下的临时追加需用量。材料经常储备定额中没有考虑临时追加需用量，可以通过对供应期的供应记录和其他统计资料分析提出。根据统计资料和施工任务变更资料，测算保险储备天数。

(2)按平均误期天数确定保险储备天数。

按平均误期天数确定保险储备天数是从企业外部因素考虑。适用于消耗规律性较强，临时需要多而到货时间变化大，误期到货多的材料。

未能在规定的供应期内到货，即视为到货误期，超过供应期的天数叫误期天数。如按约定应该10日进货而实际到货日为12日，则误期天数2天。当到货误期时，由于经常储备量已经用完，为了避免停工待料就必须有相应的保险储备，以解决误期期间的材料需用。每次发生误期到货的天数一般是指根据过去的到货记录，测算出平均误期天数。

(3)按临时采购所需天数确定保险储备天数。

办理采购手续、供货单位发运、途中运输、接货、验收等所需要的天数都属于临时采购所需天数。按临时采购所需天数确定保险储备定额,可以保证材料的连续性供应,适用于资源比较充足、能够随时采购的材料。在其他条件相同的情况下,供货单位越近,临时采购所需天数越少。保险储备天数应以向距离较近的供货单位采购所需天数为准。

无论采取哪种方法确定的保险储备定额都不是万无一失的,它只能在一定程度上降低材料供应中断对生产的影响。

3.季节储备定额的制定

季度储备定额是指为了避免由于季节变化影响某种材料的资源或需要而造成供应中断或季节性消耗而建立的材料储备数量标准。

季节储备是将材料在生产或供应中断前一次和分批购进,以备不能进料期间或季节性消耗期间的材料供应使用。

(1)材料生产、供应季节性的季节储备定额。

由于季节性原因,如洪水期的河砂、河卵石生产等影响材料的生产、运输,造成每年有一段时间不能供料。在这种情况下,在季令供应中断到来以前,应储备足够中断期内的全部用料,季节储备定额为整个季节内的材料需用量。其计算公式为:

季节储备定额=平均每日材料需用量×季节供应(生产)中断天数

(2)材料消耗季节性的季节储备定额。

由不同季节不同时期内材料消耗的不均衡而带来的季节性用料,一般不需要建立季节储备,而是通过调整各周期的进货数量来解决。一般需要建立季节储备的是为了满足某种特殊用途而且带有明显季节性的用料,如防洪、防寒材料。这部分材料的季节储备定额,要根据其消耗性质、用料特点和进料条件等具体分析确定。一些带有保险储备性质的材料,如防洪材料,在汛期开始时,一般要备足全部需用量。其定额是根据历史资料,结合计划期内的生产任务量等具体情况而定。另一些材料,如冬季取暖用煤,当运输条件不受限制,可以在用料季节里连续进料,一般不需要在季节前储备全部需用量。其季节储备定额要根据具体进料和用料进度来计算。

4.最高、最低储备定额的制定

最高储备定额是综合考虑企业生产过程中可能遇到的各种正常或非正常情

况而设立的最高储备数量标准。最高储备定额是保证材料合理周转、避免资金超占的基本依据，是企业综合控制库存数量的标准。最高储备定额包括经常储备定额、保险储备定额和季节储备定额，计算公式为：

最高储备定额＝经常储备定额＋保险储备定额＋季节储备定额

最低储备定额是保证企业生产进行的最低储备数量标准。最低储备定额是企业维持正常生产储备量的警戒点。一旦生产中动用了最低储备量，说明材料储备已经发生危机，应立即采取措施。最低储备定额的计算公式为：

最低储备定额＝保险储备定额＝平均每日材料需用量×保险储备天数

材料储备中的最高储备定额和最低储备定额会随着生产季节性和生产任务的变化而变化。在一般情况下，主要材料的最低储备定额不包括季节储备定额，按经常储备定额与保险储备定额的确定方法计算最高储备定额，根据统计资料来确定最高、最低储备定额。

5.类别储备定额的制定

材料类别储备定额是对品种、规格较多，消耗量较小，实物量计量单位不统一的某类材料确定的储备数量标准。材料类别储备定额多以资金形式计量，所以也叫储备资金定额。大多用于施工企业中的机械配件、小五金、化工材料、工具用具及辅助材料等。使用储备资金定额，可以减少材料储备定额确定的工作量，也可以有效地控制储备资金的占用。其计算公式为：

某种材料储备资金定额＝平均每日材料消耗金额×核定储备天数

式中，平均每日材料消耗金额是指在计划期内每日消耗的材料以其价值形态表示的数量。核定储备天数一般根据历史资料中该材料的需用情况、采购供货周期及资金占用情况分析确定。由于储备资金定额多用于辅助材料或施工配合性材料，所以经常根据统计资料及经验确定。

三、建筑材料储备业务流程

储备业务流程分为以下三个阶段。

第一阶段为入库阶段，包括货物接运、内部交接、验收和办理入库手续等四项工作。

第二阶段为储存阶段，指物资保管保养工作，包括安排保管场所、堆码苫垫、维护保养、检查与盘点等内容。

第三阶段为发运阶段，包括出库、内部交接及运送工作。

材料的财务管理、盘点、装卸搬运作业贯穿于储备业务全过程，尤其是装卸搬运，它将材料的入库、储存、发运阶段有机地联系起来。

（一）材料验收入库

1.材料验收时应注意的问题

（1）必须具备验收条件。验收的材料全部到库，有关货物资料、单证齐全。

（2）要保证验收的准确。必须严格按照合同的规定，对入库的数量、规格、型号、配套情况及外观质量等全面进行检查，应如实反映当时的实际情况。

（3）必须在规定期限内完成验收工作，及时提出验收报告。

（4）严格按照规定程序进行验收。

2.材料验收程序

（1）验收前的准备。

材料验收前，验收人员要准备项目合同、有关协议、相关技术及质量标准等资料，还要准备需用的检测、计量及搬运工具；确定材料堆码位置及方法；待验收材料为危险品材料时，要拟订并落实相应的安全防护措施。

（2）核对资料。

材料验收入须认真核对订货合同、发票、产品质量证明书、说明书、合格证、检验单、装箱单、磅码单、发货明细表、承运单位的运单及货运记录等。上述资料齐全并确认有效时，方可进行验收。

（3）检验实物。

检验实物包括质量检验和数量检测。

质量检验包括外观质量、内在质量以及包装的检验。外观质量以库房检验为主；内在质量（物理、化学性能）则是检查合格证或质量证明书，各项质量指标均符合相关标准则视为合格。对没有质量证明书却又有严格质量要求的材料，应取样检验。

检测材料数量，计重材料一律按净重计算，分层或分件标明质量，自下而上累计，力求入库时一次过磅就位，为盘点、发放创造条件，以减少重复劳动和磅差。计件材料按件全部清点：按体积计量者检尺计方；按理论换算者检测换算计量。标准质量或件数的标准包装，除合同规定的抽验方法和比例外，一般根据情况抽查，抽查无问题少抽，有问题就多抽，问题大的全部检查。成套产品必须配套验收、配套保管。主件、配件、随机工具等必须逐一填列清单，随验收单上报业务和财务部门，发放时要抄送领料单位。

(4)办理入库手续。

材料经数量、质量验收后，按实收数及时办理材料入库验收单。入库单是划分采购人员与仓库保管人员责任的依据，也是随发票报销及记账的凭证。材料入库必须按企业内部编制的《材料目录》中的统一名称、编号及计量单位填写，同时将原发票上的名称及供货单位在验收单备注栏内注明，以便查核，防止品种材料出现多账页和分散堆放。并应及时登账、立卡。

(二)材料保管保养

材料的保管主要是依据材料性能，运用科学方法保持材料的使用价值。

1.材料的保管场所

建筑施工企业储存材料的场所有库房、库棚和料场三种，应根据材料的性能特点选择其保管场所。

库房是封闭式仓库。一般存放怕日晒雨淋，对温度、湿度及有害气体反应较敏感的材料。钢材中的镀锌板、镀锌管、薄壁电线管、优质钢材等，化工材料中的胶黏剂、溶剂、防冻剂等，五金材料中的各种工具、电线电料、零件配件等，均应在库房保管。

库棚是半封闭式仓库。一般存放怕日晒雨淋而对空气的温度、湿度要求不高的材料。如铸铁制品、卫生陶瓷、散热器、石材制品等，均可在库棚内存放。

料场是地面经过一定处理的露天堆料场地。存放料场的材料必须是不怕日晒雨淋，对空气中的温度、湿度及有害气体反应均不敏感的材料，或是虽然受到各种自然因素的影响，但在使用时可以消除影响的材料。如钢材中的大规格型材、普通钢筋和砖、瓦、砂、石、砌块等，可存放在料场。

另外有一部分材料对保管条件要求较高，应存放在特殊库房内。如汽油、柴油、煤油，部分胶黏剂和涂料，有毒物品等，必须了解其特性，按其要求存放在特殊库房内。

2.材料的堆码

材料堆码的基本要求如下：①必须满足材料性能的要求。②必须保证材料的包装不受损坏，垛形整齐，堆码牢固、安全。③保证装卸搬运方便、安全，便于贯彻

“先进先出”的原则。④定量存放，便于清点数量和检查质量。⑤在贯彻上述要求的前提下，尽量提高仓库利用率。⑥提高堆码作业的机械化水平。

（三）材料发运

材料发运是仓库根据用户的需要，将材料发送出去。材料发运是材料储备直接与施工生产发生联系的一个环节。合理安排和组织材料发运，充分发挥工作人员及机械设备的能力，既能保证材料迅速、准确地出库发送，又能节约出库工作的劳动力和时间，有利于提高仓库管理水平和经济效益。

材料的发运应该贯彻“先进先出”的原则；材料出库时，出库凭证和手续必须齐全并且符合要求；材料的发运要及时、准确、经济；发运材料时的包装要符合承运单位的要求。

1.发运准备

材料在出库前，发放人员按时到场，准备好随货发出的有关证件，还要准备好计量工具、装卸设备，提高材料的出库效率，防止忙中出错。

2.核对凭证

材料出库前，工作人员要认真核对材料发往的地点、单位，待发放材料的品种、规格、数量、签发人及签发部门的有效印章，所有凭证经确认无误后，方可进行发放。非正式出库凭证一律不得作为材料发放的依据。

3.备料

所需的发货凭证经审核无误后，按凭证所列的品种、规格、数量准备材料。

4.复核

材料准备完毕必须进行复核才能发放。复核内容包括所准备材料的品种、规格、数量等与出库凭证所列的项目是否一致，发放后的材料实存与账面结存是否相符。

5.点交

材料出库时，无论是内部还是外部领料，发放人与领取人应当面点交。对于一次领不完的材料，要明显标记，分批出库，防止差错。

6.清理

材料出库后，工作人员不能马上离开仓库，要将拆散的垛、捆、箱、盒等清理整顿，部分材料应恢复原包装，登记账卡后方可离开。

（四）材料账务管理

材料账务管理采用的是记账凭证处理程序，是以原始凭证或原始凭证汇总表编制记账凭证，然后根据记账凭证逐笔登记总分类账户。

1.记账凭证

记账凭证包括材料入库凭证、材料出库凭证和盘点、报废、调整凭证。

（1）材料入库凭证。

材料入库凭证需要有库管和入库人的签字，防止账实不符。主要包括验收单、入库单、加工单等。

（2）材料出库凭证。

材料出库凭证主要包括调拨单、借用单、限额领料单、新旧转账单等。

（3）盘点、报废、调整凭证。

盘点盈亏调整单、数量规格调整单、报损报废单等。

2.记账程序

（1）审核凭证。

记账凭证必须是合法的、有效的，需要有编号和材料收发动态指标，能完整地反映材料经济业务从发生到结束的全过程。合法凭证必须按规定填写齐全，包括用户名称、日期、材料名称、工程物资规格、工程物资数量、工程物资单位、工程物资单价、印章等，否则视为无效，不能作为记账的合法凭证。临时性借条或口头约定等均不能作为记账的合法凭证。

（2）整理凭证。

记账前要先将审核合格的凭证进行分类、分档，并按材料经济业务发生的日期进行排列，然后再逐项登记。

（3）账册登记。

账册登记是要对记账凭证根据账页上的各项指标逐项登记。为了防止重复登记，对于已记账的凭证要做出标记。记账后，对账卡上的结存数按“上期结存＋本项收入－本项发出＝本项结存”进行核算。

(五)仓库盘点

由于仓库中的材料品种、规格、数量繁多,出库、入库过程中计量、计算容易发生差错,保管中难免发生损耗、损坏、变质、丢失等情况,这些都会导致库存材料数量不符,质量下降。通过仓库盘点,可以了解实际的库存数量和质量情况,及时掌握并解决存在的各种问题,有利于储备定额的执行。

对盘点的要求是:库存材料达到“三清”“三有”“四对口”。“三清”即数量清、质量清、账表清;“三有”即盈亏有原因、事故差错有报告、调整账表有依据;“四对口”即账、卡、物、资金对口(资金未下库者为账、卡、物三对口)。

1.盘点内容

(1)清点材料数量。根据账、卡、物逐项查对,核实库存数。

(2)检查材料质量。在清点数量的同时,检查材料有无变质、损坏、受潮等现象。

(3)检查堆垛是否合理、稳固,下垫、上盖是否符合要求,有无漏雨、积水等情况。

(4)检查计量工具是否正确。

(5)检查“四号定位”“五五化”是否符合要求,库容是否整齐、清洁。

(6)检查库房安全、保卫、消防是否符合要求;执行各项规章制度是否认真。

(7)要求边检查、边记录,如有问题逐项落实,限期解决,到时复查解决情况。

2.盘点方法

(1)定期盘点。

定期盘点指季末或年末对库房和料场保存的材料进行全面、彻底盘点。达到有物有账、账物相符、账账相符。把数量、规格、质量及主要用途搞清楚。由于清查规模较大,必须做好组织准备工作。

①划区分块,统一安排盘点范围,防止重查或漏查。

②校正盘点用计量工具,统一设计印制盘点表,确定盘点截止日期、报表日期。

③安排各现场、车间办理已领未用材料的“假退料”手续;并清理半成品、在产品和产成品。

④尚未验收的材料,具备验收条件的抓紧验收入库。

⑤代管材料应有特殊标志,不包括在自有库存中,应另列报表,便于查对。

进行仓库盘点的步骤是，按盘点规定的截止日期及划区分块范围、盘点范围，逐一认真盘点，数据要真实可靠；将实际库存量与账面结存量逐项核对，编报盘点表；结出盘盈或盘亏差异。

(2)永续盘点。

对库房每日有变动的材料，当日复查一次，即当天盘点库房收入或发出的材料，核对账、卡、物是否对口；每月查库存材料的一半；年末全面盘点。这种连续进行抽查盘点的方法，能及时发现问题，即使出现差错，当天也容易回忆，便于清查，可以及时采取措施。这是保证“四对口”的有效方法，但必须做到当天收发、当天记账和登卡。

3.盘点中的问题的处理原则

(1)材料损毁。

库存材料损坏、丢失，精密仪器遭撞击振动影响精度的，必须及时送交检验单位校正。由于保管不善而变质、变形的属于保管中的事故，应填写材料保管事故报告单。按损失金额大小，分别由业务主管或企业领导审批后，根据批示处理。

(2)库房被盗。

盘点发现有被盗痕迹的，统计所损失的材料和相应金额，并填写材料事故报告单。无论损失大小，均应持慎重态度，报告保卫部门认真查明，经批示后才能做账务处理。

(3)盘盈或盘亏。

盈亏在规定范围以内的，不另填材料盈亏报告表，而在报表盈亏中反映，经业务主管审批后据此核整账面；盈亏量超过规定范围的，除在报表盈亏栏反映外，还必须在报表备注栏写明超过规定损耗的数量，同时填材料超储耗报告单。

(4)规格混串或单价划错。

由于单据上的规格写错或发料的错误，造成在同一品种中某一规格盈、另一规格亏，这说明规格混串，查实后，填材料调整单。

(5)材料报废。

因材料变质，经过认真鉴定，确实不能使用，填写材料报废鉴定表。经企业主管批准，可以报废。报废是材料价值全部损失，应持慎重态度，只要还有使用价值就要利用，以减少损失。

(6)材料积压。

库存材料在一年以上没有使用，或存量大，用量小，储存时间长，应列为积压材料，造具积压材料清册，报请处理。

(7)材料寄存。

外单位寄存的材料,即代保管的材料,必须与自有材料分开堆放,并有明显标志,分别建账立卡,不能与本单位材料混淆。

(六)库存材料的装卸搬运组织

库存材料的装卸搬运是储备作业的一个重要方面,是连接仓库各作业环节的纽带,贯穿于仓库作业的全过程。没有库存材料的装卸搬运,仓库作业的储存环节就无法实现,整个储备生产过程就会中断,储运活动就会停止。

装卸搬运应遵循确保质量第一、注重提高效率、组织安全生产、讲究经济效益的原则。

1.装卸搬运的合理化

(1)减少装卸搬运次数,提高一次性作业率。

材料在储运过程中,往往要经过多道工序,需经常装卸。装卸搬运次数的增加不但不能增加材料的使用价值,反而会减少其使用价值,增加装卸搬运的费用支出,因此要尽可能减少装卸搬运次数。为了提高装卸搬运的一次性作业率,需要做好以下几方面的工作。

①对库区进行合理规划,使仓库建筑布局合理,交通专用线通到货场和主要库房,库区道路要通到每个存料地点。

②仓库建筑物要有足够的跨度和高度,要有便于装卸搬运设备进出的库门,并前后对称设置,主要库房应安装装卸设备。

③露天货场应安装装卸设备,直接用于装卸车辆上的材料,完成货场存料的一次性作业。

④尽量选用机动灵活、适应性强的通用设备,如叉车等,既能装卸,又能搬运,可完成包装成件材料的一次性作业。

⑤采用地磅或自动计量设备,如使用动态电子秤,在装卸作业的同时,就能完成检斤计量工作,无需再次过磅。

⑥在组织管理方面应加强材料出入库的计划性,做好人员和设备的调度指挥。

(2)提高装卸搬运的活性指数。

这就是要让材料处于最容易装卸搬运的状态。一般来说,材料放在输送带上最容易装卸搬运,活性指数最高,放在车辆上次之,而散放在地上的材料装卸搬运的活性指数最低。因此要根据实际情况,尽可能提高材料装卸搬运的活性指数。

(3)实现装卸搬运的省力化。

材料的装卸搬运是属于重体力劳动,要使材料装卸搬运合理化,必须在提高机械化作业水平的同时,实现装卸搬运的省力化。如充分利用材料本身的自重来减小搬运中的阻力,减少或消除垂直搬运等。

(4)组织文明装卸。

文明装卸的核心是确保装卸质量,在货物装卸过程中尽量减少或避免损坏。要做到文明装卸,首先要提高装卸人员的素质,增强他们的责任心,同时要增加装卸设备,不断提高机械化作业水平。

2.装卸搬运的机械化

实现装卸搬运机械化可以大大提高作业效率,改善劳动条件,缩短装卸时间,加速运输工具的周转,有利于确保装卸材料的完整无损和作业安全,并可以有效地利用仓库空间。

第二节　建筑材料库存控制与分析

材料储备定额是一种理想状态下的材料储备。建筑企业及施工项目的生产实际上做不到均衡消耗和等间隔、等批量供应。因此,库存管理还应根据变化因素调整材料储备。

一、实际库存变化情况分析

(一)材料消耗速度不均衡情况分析

当材料消耗速度增大,在材料进货点未到来时,经常储备已经耗尽,当进货日到来时已动用了保险储备,如果仍然按照原进货批量进货,将出现储备不足。当材料消耗速度减小时,在材料进货点到来时,经常储备尚有库存,如果仍然按照原进货批量进货,库存量将超过最高储备定额,造成超储损失。

(二)到货日期提前或拖后情况分析

到货拖期使按原进货点确定的经常储备耗尽,并动用了保险储备,如果此时仍然按照原进货批量进货,则会造成储备不足。

提前到货使原经常储备尚未耗完，如果按照原进货批量再进货，会造成超储损失。

二、库存量的控制方法

建筑企业在实际施工生产过程中，材料是不均衡消耗和不等间隔、不等批量供应的。为保证施工生产有足够材料，必须对库存材料进行控制，及时掌握库存量变化动态，适时进行调整，使库存材料始终保持在合理状态下。库存量控制的主要方法有以下几种。

（一）定量库存控制法与定期库存控制法

1. 定量库存控制法

定量库存控制法，也称订购点法，是以固定订购点和订购批量为基础的一种库存控制法。即当某种材料库存量等于或低于规定的订购点时，就提出订购，每次购进固定的数量。这种库存控制方法的特点是：订购点和订购批量固定，订购周期和进货周期不定。订购周期是指两次订购的时间间隔；进货周期是指两次进货的时间间隔。

确定订购点是定量控制中的重要问题。如果订购点偏高，将提高平均库存量水平，增加资金占用和管理费支出；订购点偏低则会导致供应中断。订购点由备运期间需用量和保险储备量两部分构成，即：

订购点＝备运期间需用量＋保险储备量＝平均备运天数×平均每日需要量＋保险储备量

备运期间是指自提出订购到材料进场并能投入使用所需的时间，包括提出订购及办理订购过程的时间、供货单位发运所需的时间、在途运输时间、到货后验收入库时间、使用前准备时间。实际上每次所需的时间不一定相同，在库存控制中一般按过去各次实际需要备运时间平均计算求得。

采用定量库存控制法来调节实际库存量时，每次固定的订购量一般为经济订购批量。

定量库存控制法在仓库保管中可采用双堆法，也称分存控制法。它是将订购点的材料数量从库存总量分出来，单独堆放或划以明显的标志，当库存量的其余部分用完，只剩下订购点一堆时，立即提出订购，每次购进固定数量的材料（一般按经济批量订购)。还可将保险储备量再从订购点一堆中分出来,称为三堆法。双堆法或三堆法可以直观地识别订购点,及时进行订购,简便易行。这种控制方法一般适用于价值较低,用量不大,备运时间较短的一般材料。

定量控制的优点是能经常掌握库存量动态,及时提出订购,不易缺料,保险储备量较少;每次定购量固定,能采用经济订购批量,保管和搬运量稳定;盘点和定购手续简便。缺点是订购时间不定,难以编制采购计划;未能突出重点材料;不适用需要量变化大的情况,不能及时调整订购批量;不能得到多种材料合并订购的好处。

2.定期库存控制法

定期库存控制法是以固定时间的查库和订购周期为基础的一种库存量控制方法。它按固定的时间间隔检查库存量并随即提出订购,订购批量是根据盘点时的实际库存量和下一个进货周期的预计需要量而定。这种库存量控制方法的特征是:订购周期固定,如果每次订购的备运时间相同,则进货周期也固定,而订货点和订购批量不固定。

订购批量(进货量)的计算公式如下:

订购批量=订购周期需要量+备运时间需要量+保险储备量-现有库存量-已订未交量=(订购周期天数+平均备运天数)×平均每日需要量+保险储备量-现有库存量-已订未交量

“现有库存量”为提出订购时的实际库存量;“已订未交量”指已经订购并在订购周期内到货的期货数量。

在定期库存控制中,保险储备不仅要满足备运时间内需要量的变动,而且要满足整个订购周期内需要量的变动。因此,对同一种材料来说,定期库存控制法比定量库存控制法要求有更大的保险储备量。

3.两种库存控制法的适用范围

(1)定量库存控制法适用于单价较低的材料;需要量比较稳定的材料;缺料造成损失大的材料。

(2)定期库存控制法适用于需要量大,必须严格管理的主要材料;有保管期限的材料;需要量变化大而且可以预测的材料;发货频繁、库存动态变化大的材料。

(二)最高与最低储备量控制法

对已核定了材料储备定额的材料,以最高储备量和最低储备量为依据,采用定期盘点或永续盘点，使库存量保持在最高储备量和最低储备量之间的范围内。当实际库存量高于最高储备量或低于最低储备量时，都要积极采取有效措施，使它保持在合理库存的控制范围内，既要避免供应脱节，又要防止呆滞积压。

(三)警戒点控制法

警戒点控制法是从最高最低储备量控制法演变而来的，是定量控制的又一种方法。为减少库存，如果以最低储备量作为控制依据，往往因来不及采购运输而导致缺料，故根据各种材料的具体供需情况，规定比最低储备量稍高的警戒点(即订购点)。当库存降至警戒点时，就提出订购，订购数量根据计划需要而定，这种控制方法能减少发生缺料现象，有利于降低库存。

(四)类别材料库存量控制法

上述的库存控制是对材料具体品种、规格而言，而类别材料库存量一般以类别材料储备资金定额来控制。材料储备资金是库存材料的货币表现，储备资金定额一般是在确定的材料合理库存量的基础上核定的，要加强储备资金定额管理，必须加强库存控制。以储备资金定额为标准与库存材料实际占用资金数做比较，如高于或低于控制的类别资金定额，要分析原因，找出问题的症结，以便采取有效措施。即便没有超出类别材料资金定额，也可能存在库存品种、规格、数量等不合理的因素，如类别中应该储存的品种没有储存，有的用量少而储量大，有的规格、质量不对等，都要切实进行库存控制。

三、库存分析

为了合理控制库存，应对库存材料的结构、动态及资金占用等进行分析，总结经验和找出问题，及时采取相应措施，使库存材料始终处于合理控制状态。

库存材料结构分析是检查材料储存状态是否达到“生产供应好，材料储存低，资金占用少”的有效方法。库存分析的指标如下。

(一)库存材料储备定额合理率

库存材料储备定额合理率是对储备状态的分析，有的企业把储备资金下到库，但没有具体下到应储备材料的品种，就有可能出现应该有的没有储备，不该有的反而储备了，而储备资金定额还没有超出的假象，使库存材料出现有的缺、有的多、有的没有用等不合理状况。

（二）库存材料动态合理率

这是考核材料流动状态的指标。材料只有投入使用才能实现其使用价值。流转越快，效益越高。长期储存，不但不能创造价值，而且要开支保管费用和利息，还可能发生变质、削价等损失。

第三节 材料供应管理的特点、原则和任务

材料供应管理是指及时、配套、按质按量地为建筑企业施工生产提供材料的经济活动。材料供应管理是保证施工生产顺利进行的重要环节，是实现生产计划和项目投资效益的重要保证。

材料供应管理是材料业务管理的重要组成部分，没有良好的材料供应，就不可能形成有实力的建筑企业。随着现代工业技术的发展，建筑企业所需材料数量越来越大，品种越来越多，规格越来越复杂，性能指标要求越来越高，再加上资源渠道的不断扩大，市场价格波动频繁，资金限制等诸多因素影响，对材料供应管理工作的要求越来越高。

一、材料供应管理的特点

建筑企业是具有独特生产和经营方式的企业。由于建筑产品形体大，且由若干分部分项工程组成，并直接建造在土地上，每一产品都有特定的使用方向。这就决定了建筑产品生产的许多特点，如流动性施工、露天操作、多工种混合作业等。这些特点都会使与施工生产紧密相连的材料供应管理具有一定的特殊性和复杂性。

（一）建筑用料品种规格多

建筑用料既有大宗材料，又有零星材料，来源复杂。建筑产品的固定性造成了施工生产的流动性，决定了材料供应管理必须随生产而转移。每一次转移必然形成一套新的供应、运输、储存工作。再加之每一产品功能不同，施工工艺不同，施工管理体制不同，即使是同一个小区中的同一份设计图纸的两个栋号，也因地

势、人员、进度而产生较大差异。一般工程中，常用的材料品种均有上千种，若细分到规格，可达上万种。在材料供应管理过程中，要根据施工进度要求，按照各部位、各分项工程、各操作内容供应上万种规格的材料，就形成了材料部门日常大量的复杂的业务工作。

(二)用量多，重量大，需要大量的运力

建筑产品形体大使得材料需用数量大、品种规格多，由此带来运输量必然大。一般建筑物中，将所用各种材料总合计算，每平方米建筑面积平均重量达2～2.5吨。由此可见材料的运输、验收、保管、发放工作量非常大，因此要求材料人员应具有较宽的知识面，了解各种材料的性能特点、功用和保管方法。我国货物运输的主要方式是铁路运输，全国铁路运输中近1/4是运输建筑施工所用的各种材料，部分材料的价格组成结构中甚至绝大多数是运输费用。因此说建筑企业中的材料供应涉及各行各业，部门广、内容多、工作量大，形成了材料供应管理的复杂性。

(三)需求多样性

建设项目是由多个分项工程组成的，每个分项工程都有各自的生产特点和材料需求特点。要求材料供应管理能按施工部位预计材料需用品种、规格而进行备料，按照施工程序分期分批组织材料进场。而且同一时期常有处于不同施工部位的多个建设项目，即使是处于同一施工阶段的项目，其内部也会因多工种连续和交叉作业造成材料需用的多样性，材料供应必然要满足需求多样性的要求。

(四)受气候和季节的影响大

施工操作的露天作业最易受时间和季节性影响，由此形成了某种材料的季节性消耗和阶段性消耗，形成了材料供应不均衡的特点。要求材料供应管理要有科学的预测、严密的计划和措施。

(五)受社会经济状况影响较大

生产资料是商品，因此社会生产资料市场的资源、价格、供求及与其紧密相关的投资、融资、利税等因素，都随时影响着材料供应工作。一定时期内基本建设投资回升，必然带来建筑施工项目增加，材料需求旺盛，市场资源相对趋紧，价格上

扬，材料供应矛盾突出。反之，压缩基本建设投资，调整生产资料价格或国家税收、贷款政策的变化，都可能带来材料市场疲软，材料需求相对弱小，材料供应松动。另外，要防止盲目采购、盲目储备而造成经济损失。

(六)具有较强的应变能力

施工中各种因素多变，如设计变更、施工任务调整或其他因素变化，必然带来材料需求变化，使材料供应数量或增或减，规格变更，极易造成材料积压，资金超占。若材料采购发生困难则影响生产进度。为适应这些变化因素，材料供应部门必须具有较强的应变能力，且保证材料供应有可调余地，这无形中增加了材料供应管理难度。

(七)对材料供应工作要求高，供应材料的质量要求高

建筑产品的质量影响着建筑产品功能的发挥，建筑产品的生产是本着“百年大计、质量第一”的原则进行的。在建筑材料的供应环节，必须了解每一种材料的质量、性能、技术指标，并通过严格的验收、测试，保证施工部位的质量要求。建筑产品是社会科学技术和艺术水平的综合体现，其施工中的专业性、配套性都对材料供应管理提出了较高要求。

建筑企业材料供应管理除上述特点外，还因企业管理水平、施工管理体制、施工队伍和材料人员素质不同而形成不同的供求特点。因此应充分了解这些因素，掌握变化规律，主动、有效地实施材料供应管理，保证施工生产的用料需求。

二、材料供应管理应遵循的原则

(一)有利生产、方便施工的原则

材料供应管理必须从“有利生产，方便施工”的原则出发，建立和健全材料供应制度和方法，材料供应工作要全心全意为生产第一线服务，想生产所想，急生产所急，送生产所需。应深入到生产第一线去，既为生产需用积极寻找短线急需材料，又要努力利用长线积压材料，千方百计为生产服务，当好生产建设的后勤。

(二)统筹兼顾的原则

建筑业在材料供应中经常出现供需脱节，品种、规格不配套等各种矛盾，往往

使供应工作处于被动应付局面。这就要求我们从全局出发，对各工程项目的需用情况统筹兼顾、综合平衡，搞好合理调度。同时要深入基层，切实掌握施工生产进度、资源情况和供货时间，只有对资源和需求摸准吃透，才能分清主次和轻重缓急，保证重点，兼顾一般，把有限的物资用到最需要的地方去。

（三）合理组织资源的原则

随着指令性计划的减少，指导性计划和市场调节范围的扩大，施工企业自行组织配套的物资范围相应扩大，这就要求加强对各种资源渠道的联系，切实掌握市场信息，合理地组织配套供应，满足施工需要。

（四）勤俭节约的原则

充分发挥材料的效用，使有限的材料发挥最大的经济效果。在材料供应中，要“管供、管用、管节约”，采取各种有效的经济管理措施、技术节约措施，努力降低材料消耗。

在保证工程质量的前提下，广泛寻找代用品，化废为宝，搞好修旧利废和综合回收利用，做到好材精用、废材利用、缺材代用，努力降低消耗，提高经济效益。

三、材料供应管理的基本任务

建筑企业材料供应工作的基本任务是围绕施工生产这个中心环节，按质、按量、按品种、按时间、成套齐备，经济合理地满足企业所需的各种材料，通过有效地组织形式和科学的管理方法，充分发挥材料的最大效用，以较少的材料占用和劳动消耗，完成更多的供应任务，获得最佳的经济效果。其具体任务包括以下几个方面。

（一）编制材料供应计划

供应计划是各项材料供应业务协调展开的指导性文件，编制材料供应计划是材料供应工作的首要环节。为提高供应计划的质量，必须掌握工厂生产和材料资源情况，运用综合平衡的方法，使施工需求和材料资源衔接起来，同时发挥指挥、协调等职能，切实保证计划的实施。

1. 材料供应计划的作用

建筑企业的材料供应计划是企业通过申请、订货、采购、加工等各种渠道，按品种、质量、数量、期限、成套齐备地满足施工所需的各种材料的依据，也是促使建筑企业合理地使用材料、节约资金、降低成本的重要保证。它对改进材料的供、管、用三个方面的工作，保证施工生产的顺利进行，起到以下几方面的作用。

(1)正确编制和执行材料供应计划，组织供需平衡，能做到供应及时、品种齐全、数量准确、质量合格，这为企业完成生产任务提供了物质保证。

(2)正确编制和执行材料供应计划，能充分发挥各供应渠道的作用，充分挖掘企业内部的潜力，不仅有利于做到物尽其用，使现有材料发挥更大的经济效果，而且可以推动企业开展技术革新和大力采用新工艺、新材料。

(3)正确编制和执行材料供应计划，能充分利用市场调节的有利条件，做好物资采购，搞好均衡供应，加速物资周转，节约储备资金，保证施工生产的进行。

2.材料供应计划的编制原则

为使材料供应计划更好地发挥作用，在编制时必须按照下述原则进行。

(1)实事求是。

不能弄虚作假，要维护计划的严肃性。不能采取不报库存、多报需用、加大储备的错误手段。这种做法虽然容易做到保证供应，但也容易造成物资及资金的积压，影响和阻碍材料管理水平的提高。

(2)积极可靠。

计划要比较先进，能调动主观能动性，经过努力能够完成。同时，计划要对材料需用量和储备量进行认真的核算，有科学的依据。对资源的到货情况要了解清楚，要充分预计到在执行计划时可能出现的各种因素，使计划制订得比较符合实际，留有余地。

(3)统筹兼顾。

对于短线紧缺物资，能不用的尽量不用，能代用的尽量代用，能少用的绝不多用，树立全局观念，注重整体利益。

材料供应计划要和生产计划、财务计划等密切配合，协调一致。必须保证企业生产财务计划全面完成。统筹兼顾就是要对计划期内有关生产和供需各方面的因素进行全面分析，注意轻重缓急，找出供应工作中的关键问题，处理好各方面的关系。如重点工程和一般工程的关系，首先要确保重点工程的材料供应，在保证重点工程的前提下，也可照顾到一般工程；工程用料和生产维修等方面用料的关系，在一般情况下，首先要保证工程用料，但也要注意在特定情况下的施工设备用料；长线材料和短线材料的关系，把工作的重点放在解决短线材料上，但不能忽视市场信息,因为原来长线材料有可能转变为短线材料,原来的短线材料也有可能转变为长线材料。

(二)组织资源

组织资源是为保证供应、满足需求创造充分的物质条件,是材料供应工作的中心环节。搞好资源的组织,必须掌握各种材料的供应渠道和市场信息,根据国家政策、法规和企业的供应计划,办理订货、采购、加工、开发等项业务,为施工生产提供物质保证。

(三)组织材料运输

运输是实现材料供应的必要环节和手段,只有通过运输才能把组织到的材料资源运到工地,从而满足施工生产的需要。根据材料供应目标要求,材料运输必须体现快速、安全、节约的原则,正确选择运输方式,实现合理运输。

(四)材料储备

由于材料供求之间存在着时间差,为保证材料供应必须适当储备。否则,不是造成生产中断,就是造成材料积压。材料储备必须适当、合理,一是掌握施工需求,二是了解社会资源,采用科学的方法确定各种材料储备量,以保证材料供应的连续性。

(五)平衡调度

施工生产和社会资源是在不断地变动的,经常会出现新的矛盾,这就要求我们及时组织新的供求平衡,才能保证施工生产的顺利进行。平衡调度是实现材料供应的重要手段,企业要建立材料供应指挥调度体系,掌握动态,排除障碍,完成供应任务。

(六)选择供料方式

合理选择方式是材料供应工作的重要环节,通过一定的供料方式可以快速、高效、经济、合理地将材料供应到需用单位,选择供料方式必须体现减少环节、方便用户、节省费用和提高效率的原则。

(七)提高成品、半成品供应程度

提高供应过程中的初加工程度，有利于提高材料的利用率，减少现场作业，适合建筑生产的流动性，充分利用机械设备，有利于新工艺的应用，是企业材料供应工作的一个发展方向。

(八)材料供应的分析和考核

在会计核算、业务核算和统计核算的基础上，运用定量分析的方法，对企业材料供应的经济效果进行评价。分析和考核必须建立在真实数据的基础上，在各方面各环节分析、考核的基础上，对企业材料供应做出总体评价。

只有对供应计划的执行情况进行经常的检查分析，才能发现执行过程中的问题，从而采取对策，保证计划实现。检查的方法主要有两种：一种是经常检查，即在计划执行期间，随时对计划进行检查，发现问题，及时纠正；另一种是定期检查，如月度、季度和年度计划的执行情况。

检查的内容主要有以下两种。

(1)材料供应计划完成情况的分析。将某种材料或某类材料实际供应数量与其计划供应数量进行比较，可考核某种或某类材料计划完成程度和完成效果。

(2)考核材料供应计划完成率，即从整体上考核供应完成情况。对于具体品种规格，特别是对未完成材料供应计划的材料品种，进行品种配套供应考核是十分必要的。

第四节　材料供应方式与方法

一、材料供应方式

材料供应方式指材料由生产单位向需用单位流通过程中所采取的方式。不同供应方式对企业材料储备、使用和资金占用都有一定影响。

(一)直达供应和中转供应

1.直达供应方式

直达供应是指材料由生产企业直接供应到需用单位。这种供应方式减少了中间环节，缩短了材料流通时间，减少了材料的装卸、搬运次数，减少了人力、物力和财力支出，因此降低了材料流通费用和材料途耗，加速了材料的周转。同时，由于供需双方的经济往来是直接进行的，可以加强双方的相互了解和协作，促进生产企业按需生产。需用单位可以及时反馈有关产品质量的信息，有利于生产企业提高产品质量，生产适销对路的产品。直达供应方式需要材料生产企业具有一支较强的销售队伍，当大宗材料和专用材料采取这种方式时，其工作效率高，流通效益好。

2. 中转供应方式

中转供应方式是指材料由生产企业供给需用单位时，双方不直接发生经济往来，而由第三方衔接。中转供应通过第三方与生产企业和需用单位联系，可以减少材料生产企业的销售工作量，同时也可以减少需用单位的订购工作量，使生产企业把精力集中于搞好生产上。我国专门从事材料流通的材料供销机构遍布各地，形成了全国性的材料供销网。中转供应可以使需用单位就地就近组织订货，降低库存储备，加速资金周转。中转供应使处于流通领域的材料供销机构起到“集零为整”和“化整为零”的作用，也就是材料供销机构把需用单位的需用集中起来（集零为整），向生产企业进行订购；把生产企业产品接收过来后，根据需用单位的不同需要，分别进行零星销售（化整为零）。这对提高整个社会的经济效益是有利的。

这种方式适用于消耗量小、同用性强、品种规格复杂、需求可变性较大的材料。如建筑企业常用的零星小五金、辅助材料、工具等。它虽然增加了流通环节，但从保证配套、提高采购工作效率和就地就近采购看，也是一种不可少的材料供应方式。

（二）材料供应方式的选择

选择合理的供应方式，目的在于实现材料流通的合理化。材料流通是社会再生产的必要条件，但材料流通过程毕竟不是生产过程，它限制了材料的投入使用，限制了材料的价值增值。这种增值程度与流通时间的长短成反比例关系。材料的供应方式与材料流通时间长短有着密切关系，选择合理的供应方式能使材料用最短的流通时间、最少的费用投入，加速材料和资金周转，加快生产过程。选择供应方式时，主要应考虑下述因素。

1.需用单位的生产规模

一般来讲生产规模大，需用同种材料的数量大，对于该种材料适宜直达供应；生产规模小，需要同种材料数量相对也少，对于该种材料适宜中转供应。

2.需用单位生产特点

阶段性和周期性的材料需用量较大，此时宜采取直达供应，反之可采取中转供应。

3.材料的特性

专用材料使用范围狭窄，以直达供应为宜；通用材料使用范围广，当需用量不大时，以中转供应为宜。体大笨重的材料，如钢材、水泥、木材、煤炭等，以直达供应为宜；不宜多次装卸、搬运储存条件要求较高的材料，如玻璃、化工原料等，宜采取直达供应；品种规格多，而同一规格的需求量又不大的材料，如辅助材料、工具等，采用中转供应。

4.运输条件

运输条件的好坏直接关系到材料流通时间和费用多少。如铁路运输中的零担运费比整车运费高，运送时间长。因此一次发货量不够整车的，一般不宜采用直达供应而采用中转供应较好。需用单位离铁路线较近或有铁路专用线和装卸机械设备等，宜采用直达供应。需用单位如果远离铁路线，不同运输方式的联运业务又未广泛推行的情况下，则宜采用中转供应方式。

5.供销机构的情况

处于流通领域的材料供销网点如覆盖比较广，离需用单位较近，库存材料的品种、规格比较齐全，能满足需用单位的需求，服务比较周到的，中转供应比重就会增加。

6.生产企业的订货限额和发货限额

订货限额是生产企业接受订货的最低数量，如钢厂，对一般规格的普通钢材订货限额较高，对优质钢材和特殊规格钢材一般用量较小，订货限额也较低。发货限额通常是以一个整车装载量为标准，采用集装箱时，则以一个集装箱的装载量为标准。某些普遍用量较小的材料和不便中转供应的材料如危险材料、腐蚀性材料等,其发货限额可低于上述标准。订货限额和发货限额订得过高,会影响直达供应的比重。

影响材料供应方式的因素是多方面的,而且往往是相互交织的,必须根据实际情况综合分析,确定供应方式。供应方式选择恰当,能加速材料流通和资金周转,提高材料流通经济效果;选择不当,则会引起相反作用。

(二)发包方、承包方和承发方双方联合供应

按照供应单位在建筑施工中的地位不同,材料供应方式有发包方供应方式、承包方供应方式和承发包双方联合供应方式三种。

1. 发包方供应方式

发包方供应方式就是建设项目开发部门或项目业主对建设项目实施材料供应的方式,发包方负责项目所需资金的筹集和资源组织,按照建筑企业编制的施工图预算负责材料的采购供应。施工企业只负责施工中材料的消耗及耗用核算。

发包方供应方式要求施工企业必须按生产进度和施工要求及时提出准确的材料计划。发包方根据计划,按时、按质、按量、配套地供应材料,保证施工生产的顺利进行。

2. 承包方供应方式

承包方供应方式是由建筑企业根据生产特点和进度要求,负责材料的采购和供应。承包方供应方式可以按照生产特点和进度要求组织进料,可以在所建项目之间进行材料的集中加工,综合配套供应,可以合理调配劳动力和材料资源,从而保证项目建设速度。承包方供应还可以根据各项目要求从生产厂大批量集中采购而形成批量优势,采取直达供应方式,减少流通环节,降低流通费用支出。这种供应方式下的材料采购、供应、使用的成本核算由承包方承担,有助于承包方加强材料管理,采取措施,节约使用材料。

3. 承发包双方联合供应方式

这种方式是指建设项目开发部门或建设项目业主和施工企业,根据合同约定的各自材料采购供应范围、实施材料供应的方式。由于是承发包双方联合完成一

个项目的材料供应,因此在项目开工前必须就材料供应中具体问题做明确分工,并签订材料供应合同。在合同中应明确以下内容。

(1)供应范围。

供应范围包括项目施工用主要材料、辅助材料、装饰材料、水电材料、专用设备、各种制品、周转材料、工具用具等。应明确到具体的材料品种甚至到规格。

(2)供应材料的交接方式。

供应材料的交接方式包括材料的验收、领用、发放、保管及运输方式和分工及责任划分;材料供应中可能出现问题的处理方法和程序。

(3)材料采购、供应、保管、运输、取费及有关费用的计取方式。

材料采购、供应、保管、运输、取费及有关费用的计取方式,包括采购保管费的计取、结算方法,成本核算方法,运输费的承担方式,现场二次搬运费、装卸费、试验费及其他费用的计算方法,材料采购中价差核算方法及补偿方式。

承发包双方联合供应方式在目前是一种较普遍的供应方式。这种方式一方面可以充分利用发包方的资金优势、采购渠道优势,又能使施工企业发挥其主动性和灵活性,提高投资效益。但这种方式易出现责任不清,因此必须有有效的材料供应合同作保证。

承发包双方联合供应方式一般由发包方负责主要材料、装饰材料和设备,承包方负责其他材料的分工形式为多;也会出现所有材料以一方为主,另一方为辅的分工形式。无论哪种方式必定与资金、储备、运输的分工及其利益发生关系。因此,建筑企业在进行材料供应分工的谈判前,必须确定材料供应必保目标和争取目标,为建设项目的顺利施工和完成打好基础。

(三)限额供应和敞开供应

按照材料供应中对数量控制的方式不同,材料供应方式有限额供应和敞开供应两种方式。

1.限额供应

限额供应,也称定额供应。就是根据计划期内施工生产任务和材料消耗量定额及技术节约措施等因素,确定供应材料的数量。材料部门以此作为供应的限制数额,施工操作部门在限额内使用材料。

限额供应有定期和不定期等形式,既可按旬、按月、按季限额,也可按部位、按分项工程限额,而不论其限额时间长短,限额数量可以一次供应就位,也可分批供应，但供应累计总量不得超过限额数量。限额的限制方法可以采取凭票、凭证方法，按时间或部位分别记账，分别核算。凡是施工中材料耗用已达到限额而未完成相应工程量，需超限额使用时，必须经过申请和批准，并记入超耗账目。限额供应有以下作用。

（1）有利于促进材料合理使用，降低材料消耗和工程成本。因为限额是以材料消耗量定额为基础的，它明确规定了材料的使用标准，这就促使施工现场精打细算地节约使用材料。

（2）限额量是检查节约还是超耗的标准。发现浪费，就要分析原因，追究责任，这能推动施工现场提高生产管理水平，改进操作方法，大力采用新技术、新工艺，保证在限额标准以内完成生产任务。

（3）可以改进材料供应工作，提高材料供应管理水平。因为它能加强材料供应工作的计划预见性，能及时掌握消耗情况和材料库存，便于正确地确定材料供应量。

2. 敞开供应

根据资源和需求供应，对供应数量不做限制，材料耗用部门随用随领的供应方法即为敞开供应。

这种方式对施工生产部门来说灵活方便，可以减少库存，减少现场材料管理的工作量，而使施工部门集中精力搞生产。但实行这种供应方式的材料，必须是资源比较丰富，材料采购供应效率高，而且供应部门必须保持适量库存的物资。敞开供应容易造成用料失控，材料利用率下降，从而加大成本。这种供应方式通常仅适用于抢险工程、突击性建设工程的材料需用。

（四）领料供应和送料供应

1. 领料供应

由施工生产用料部门根据供应部门开出的提料单或领料单，在规定的期限内到指定的仓库（堆栈）提（领）取材料。提取材料的运输由用料单位自行办理。领料供应可使用料部门根据材料耗用情况和材料加工周期合理安排进料，避免现场材料堆放过多，造成保管困难。但易造成材料供应部门和使用部门之间的脱节，供应应变能力差时，则会影响施工生产顺利进行。

2. 送料供应

送料供应由材料供应部门根据用料单位的申请计划，负责组织运输，将材料直接送到用料单位指定地点。送料供应要求材料供应部门做到供货数量、品种、质量必须与生产需要相一致，送货时间必须与施工生产进度相协调，送货的间隔期必须与生产进度的延续性相平衡。

实行送料制是材料供应工作努力为生产建设服务的具体体现，从有利生产、方便群众出发，改变"你领我发，坐等上门"的传统做法，送料到生产第一线，服务到基层，是建立新型供需关系的重要内容，它具有以下优点。

(1)有利于施工生产部门节省领料时间。能集中精力搞好生产，节约了人力、物力，促进生产发展。

(2)有利于密切供需关系。供应工作深入实际，具体掌握施工需用情况，能提高材料供应计划的准确程度，做到用多少送多少，不早送，不晚送，既保证生产，又节约材料和运力。

(3)有利于加强材料消耗量定额的管理。做到既管供，又能了解用。能促进施工现场落实技术节约措施，实行送新收旧，有利于修旧利废。

(五)材料供应的责任制和承包制

1.材料供应责任制

为保证既定供应方式的实施，应建立健全供应责任制。材料供应部门对施工生产用料单位实行"三包"和"三保"。"三包"，一是包供，即用料单位申请的材料经核实后全部供应；二是包退，即所供材料不符质量要求的要包退、包换；三是包收，即用料单位发生的废料、包装品及不再需用的多余材料一律回收。"三保"，即对所供材料要保质、保量、保进度。凡实行送料制的还应实行"三定"，即定送料分工、定送料地点、定接料人员。

2.材料供应承包制

供应承包就是建筑企业在工程项目投标中，由各种材料的供应单位，根据招标项目的资源情况(计划分配还是市场调节)和市场行情报价，作为编制投标报价的依据。建筑企业中标后，由报价的材料供应单位包价供应，承担价格变动的风险。中标工程所用的重要材料，属于国家或地方的重点项目，一般实行指令性计划，或由材料部门实物供应，或由承包供应的企业组织订购，不足部分由市场调节。属于一般建设项目，由承包供应的企业负责购买。这种"供应承包"方式将在实践中不断完善和健全，为最终实行材料供应招投标提供条件。

材料供应承包制按照承包的材料供应范围不同，一般包括项目材料供应承包，部位或分项工程材料供应承包及某类材料实物量供应承包。

项目材料供应承包。一般情况下，项目施工中所需主要材料、辅助材料、周转材料及各种构配件、二次搬运费、工具等费用实施供应承包。这种方式使多种费用捆在一起，有利于承包者统筹安排，实现最佳效益。但要求材料供应管理水平较高。

按工程部位或分项工程实行材料供应承包。一般是按承包部位或分项工程所需的材料，以供应承包合同的形式，实行有控制的供应材料。这种方式应将供应管理与使用管理合并进行，有利于促进生产消耗中的管理，降低消耗水平。通常在工程较大，材料需用量大，价值量高的工程上采取这种管理方法。

对某种材料的实物量供应实行承包。一般是对建设项目中某项材料或某项材料的分量实行实物数量承包。这种方式涉及材料品种少，管理方法直观、见效快，适用于各种材料的供应，特别是易损、易丢、价值高、用量大的材料，效果较好。

实行材料供应承包是完善企业经营机制，提高企业经济效益的有效措施。材料供应承包可以使管理与技术、生产与经济、人力与物力得到优化组合，从而提高生产效率。

实行材料供应承包必须具备以下条件。

(1)材料供应关系必须商品化。随着承包的实行，在施工企业内部要逐步形成材料市场，改过去的领用关系为买卖或租赁关系。

(2)必须实行项目材料核算，及时反映承包目标的实现程度及经营利益。

(3)承包者应具有独立的经济利益。承包的内涵是责、权、利的统一。承包的利益随承包责任的履行而实现。

(4)材料供应行为的契约化。材料供应中所涉及的主要内容，如供货时间、质量、费用以及双方的责任、权利和义务必须在承包合同中确定下来，企业或行业主管部门应建立仲裁或协调机构，处理供应过程中的纠纷，以维护双方的利益。

二、材料限额领料方法

材料供应中的定额供应，建设项目施工中的包干使用，是目前采用较多的管理方法。这种方法有利于建设项目，加强材料核算，促进材料使用部门合理用料，降低材料成本，提高材料使用效果和经济效益。

定额供应、包干使用是在实行限额领料的基础上，通过建立经济责任制，签订材料定包合同，达到合理使用材料和提高经济效益的目的的一种管理方法。定额供应、包干使用的基础是限额领料。限额领料方法要求施工队组在施工时必须将材料的消耗量控制在该操作项目消耗定额之内。

(一)限额领料的形式

1.按分项工程实行限额领料

按分项工程实行限额领料,就是按不同工种所担负的分项工程进行限额。例如按砌墙、抹灰、支模、混凝土、油漆等工种,以班组为对象实行限额领料。

以班组为对象,管理范围小,容易控制,便于管理,特别是对班组专用材料,见效快。但是,这种方式容易使各工种班组从自身利益出发,较少考虑工种之间的衔接和配合,易出现某分项工程节约较多,另外分项工程节约较少甚至超耗的现象。例如砌墙班节约砂浆,砖缝较深,必然使抹灰班增加抹灰的砂浆用量。

2.按工程部位实行限额领料

按工程部位实行限额领料,就是按照基础、主体结构、装修等施工阶段,以施工队为责任单位实行限额供料。

它的优点是以施工队为对象增强了整体观念,有利于工种的配合和工序衔接,有利于调动各方面积极性。但这种做法往往重视容易节约的结构部位,而对容易发生超耗的装修部位难以实施限额或影响限额效果。同时,由于以施工队为对象,增加了限额领料的品种、规格,施工队内部如何进行控制和衔接要有良好的管理措施和手段。

3.按单位工程实行限额领料

按单位工程实行限额领料是指对一个工程从开工到竣工,包括基础、结构、装修等全部工程项目的用料实行限额,是在部位限额领料上的进一步扩大。适用于工期不太长的工程。这种做法的优点是可以提高项目独立核算能力,有利于产品最终效果的实现。同时各项费用拥在一起,从整体利益出发,有利于工程统筹安排,对缩短工期有明显效果。这种做法在工程面大、工期长、变化多、技术较复杂的工程上使用,容易放松现场管理,造成混乱,因此必须加强组织领导,提高施工队的管理水平。

(二)限额领料数量的确定

1.限额领料数量的确定依据

(1)正确的工程量是计算材料限额的基础。工程量是按工程施工图纸计算的,在正常情况下是一个确定的数量。但在实际施工中常有变更情况,例如设计变更,由于某种需要,修改工程原设计,工程量也就发生变更。又如施工中没有严格按图纸施工或违反操作规程引起工程量变化，像基础挖深挖大，混凝土量增加；墙体工程垂直度、平整度不符合标准，造成抹灰加厚等。因此，正确的工程量计算要重视工程量的变更，同时要注意完成工程量的验收，以求得正确的工程量，作为最后考核消耗的依据。

(2)定额的正确选用是计算材料限额的标准。选用定额时，先根据施工项目找出定额中相应的分项工种，根据分项工种查找相应的定额。

(3)凡实行技术节约措施的项目，一律采用技术节约措施新规定的单方用料量。

2. 限额领料数量的计算

限额领料数量＝计划实物工程量×材料消耗施工定额－技术组织措施节约额

(三)限额领料的程序

1. 限额领料单的签发

限额领料单的签发，首先由生产计划部门根据分部分项工程项目、工程量和施工预算编制施工任务书，由定额员计算用工数量。然后由材料员按照企业现行内部定额，扣除技术节约措施的节约量，计算限额用料数量，填写施工任务书的限额领料部分或签发限额领料单。

在签发过程中，应注意定额选用要准确。对于采取技术节约措施的项目，应按实验室通知单上所列配合比单方用量加损耗签发。装饰工程中如有用新型材料，应参照新材料的有关说明书，协同有关部门进行实际测定，套用相应项目的设计预算和施工预算。

2. 限额领料单的下达

限额领料单的下达是限额领料的具体实施过程的第一步，一般一式5份：一份由生产计划部门作存根；一份交材料保管员备料；一份交劳资部门；一份交材料管理部门；一份交班组作为领料依据。限额领料单要注明质量等部门提出的要求，由工长向班组下达和交底，对于用量大的领料单应进行书面交底。

用量大的领料单一般指分部位承包下达的施工队领料单，如结构工程既有混凝土，又有砌砖及钢筋、支模等，应根据月度工程进度，列出分层次分项目的材料用量，以便控制用料及核算，起到限额用料的作用。

3.限额领料单的使用

限额领料单的使用是保证限额领料实施和节约使用材料的重要步骤。班组料具员持限额领料单到指定仓库领料，材料保管员按领料单所限定的品种、规格、数量发料，并做好分次领用记录。在领发过程中，双方办理领发料手续，填制领料单，注明用料的单位工程和班组，材料的品种、规格、数量及领用日期，双方签字认证。做到仓库有人管，领料有凭证，用料有记录。并且要按照用料的要求做到专料专用，不得串项，对领出的材料要妥善保管。同时，班组料具员要搞好班组用料核算，各种原因造成的超限额用料必须由工长出具借料单，材料人员可先借3日内的用料，并在3日内补办手续，不补办的停止发料，做到没有定额用料单不得发料。限额领料单应用过程中应处理好以下几个问题。

(1)因气候影响班组需要中途变更施工项目。例如，原是灰土垫层变更为混凝土垫层，用料单也应做相应的项目变动处理，结合原项添新项。

(2) 因施工部署变化，班组施工的项目需要变更做法。例如，基础混凝土组合柱改为提前回填土方，支木模改为支钢模，用料单就应减去改变部分的木模用料，增加钢模用料。

(3)因材料供应不足，班组原施工项目的用料需要改变。例如，原是用石混凝土，由于材料供应上改用碎石，就必须把原来项目结清，重新按碎石混凝土的配合比调整用料单。

(4)限额领料单中的项目到月底做不完时，应按实际完成量验收结算，没做的下月重新下达，使报表、统计、成本交圈对口。

(5)合用工程机械的问题。现场经常发生2个以上班组合用1台空压机等设备，原则上仍应分班组核算。

第四章 建筑施工现场物资管理

施工现场是建筑企业从事施工生产活动时，形成建筑产品的场所，占工程成本60％左右的材料费，都是在施工现场形成的。因此，施工现场材料与工具的管理，属于生产领域里物资耗用过程的管理，与企业其他技术经济管理有密切的关系，是企业建筑工程物资管理的重点。

第一节 现场材料管理概述

一、现场材料管理的概念

现场材料管理指在现场施工过程中，根据工程类型、场地环境、材料保管和消耗特点，采取科学的管理办法，在材料的投入产品形成全过程进行计划、组织、指挥、协调和控制，力求保证生产需要和材料合理使用，最大限度地降低材料消耗。

施工现场材料管理是衡量建筑企业经营水平和实现文明施工的重要标志之一，也是保证工程进度和工程质量、提高劳动效率、降低工程成本的重要环节，对企业的社会声誉、无形资产和投标承揽业务都有重大的影响。加强现场材料管理，是提高管理水平，防止施工现场混乱和克服浪费，提高经济效益的重要途径之一。

二、现场材料管理的原则

（一）服从工程项目目标的原则

现场材料管理是为了完成某一工程项目的建造而展开的材料业务活动。每一个工程项目都有特定的目标，现场材料管理活动必须满足这个总目标的实现。因此现场材料管理制度的建立，材料管理方法的确定以及与建设单位、总承包方、分承包方的管理关系，都必须体现工程项目目标。

（二）做好协调配合的原则

现场材料管理是工程项目建设过程中的重要环节，但并非完全独立于工程项目的业务活动。对外需要与建设单位、监理单位、材料供应商和社会行政管理部门等协调材料选用、采购和进场，对内需要与承担施工任务的承包方、技术管理部门、安全行政保障部门配合，才能保证材料业务活动的顺利进行。

（三）加强过程控制的原则

按照工程项目承包合同的内容，明确制订材料供需各方的使用责任和管理责任，通过管理制度或责任承包约束各方行为。各方的业务管理部门必须加强工程项目建设过程中的检查，必要时可通过奖罚措施纠正偏差，推广有效管理方法，为最终实现工程项目目标打下基础。

（四）提高管理水平的原则

随着工程项目管理水平的提高，工程项目的材料管理活动必须注入新的管理方法和管理手段。网络技术的应用，计算机操作平台的系统集成等都已得到广泛应用。现场材料管理也必须不断地更新观念，改进管理手段，促进工程项目管理水平的提高。

三、现场材料管理的任务

（一）全面规划

在开工前做出现场材料管理规划，参与施工组织设计的编制，规划材料存放场地、道路，做好材料预算，制订现场材料管理目标。全面规划是使现场材料管理全过程有序进行的前提和保证。

（二）计划进场

按施工进度计划，组织材料分期分批有秩序入场。一方面保证施工生产需要，另一方面要防止形成较多的剩余材料。计划进场是现场材料管理的基础。

（三）严格验收

按照材料的品种、规格、质量、数量要求，严格对进场材料进行检查，办理收料。验收是保证进场材料品种、规格对路，质量完好，数量准确的第一道关口，是保证工程质量实现降低成本的重要保证条件。

(四)合理存放

按照现场平面布置要求存放材料,在方便施工、保证道路顺畅、安全可靠的原则下,尽量减少二次搬运。合理存放是妥善保管的前提,是生产顺利进行的保证,是降低成本的重要手段。

(五)妥善保管

按照各项材料的自然属性,依据物资保障技术要求和现场客观条件,采取各种有效措施进行维护、保养,保证各项原材料不降低使用价值。妥善保管是物尽其用,实现降低成本的保证条件。

(六)控制消耗

按照操作者承担的任务,依据定额及有关资料进行严格的消耗数量控制是控制工程成本的重要关口,是实现材料节约的重要保证。

(七)监督使用

按照施工现场要求和用料要求,对已转移到操作者手中的材料在使用过程中进行检查,督促班组合理使用材料。监督使用是实现节约、防止超耗的主要手段。

(八)准确核算

通过对消耗活动进行记录、计算、分析和比较,反应消耗水平。准确核算既是对成本期管理结果的反应,又为下期管理活动提供改进的依据。

四、现场材料管理的阶段划分及各阶段的工作要点

(一)施工前的准备工作

(1)了解工程协议的有关规定、工程概况、供料方式、施工地点、运输条件、施工方法、工程进度、主要材料和机具的用量、临时建筑和用料情况等。全面掌握整个工程的用料情况及大致供料时间。

(2)根据生产部门编制的材料预算和施工进度,及时编制材料供应计划。组

织人员落实材料名称、规格、数量、质量与进场日期。掌握主要构件的需用量和加工构件所需图纸、技术要求等情况。组织和委托门窗、铁件、混凝土构件的加工，材料的申请等工作。

(3)深入调查当地地方材料的货源、价格、运输工具及运载能力等情况。

(4)积极参加施工组织设计中材料堆放位置的设计。按照施工组织设计平面图和施工进度需要，分批组织材料进场和堆放，堆料位置应以施工组织设计中材料平面布置图为依据。

(5)根据防火、防水、防雨、防潮的管理要求，搭设必要的临时仓库。对需防潮和有其他特殊要求的材料，按照有关规定，妥善保管。确定材料堆储方案时，应注意以下问题：①材料堆场要以使用地点为中心，在可能的条件下，越靠近材料使用地点越好，尽量避免发生二次搬运；②材料堆场及仓库、道路的选择不能影响施工用地，以避免料场、仓库中途搬家；③材料堆场的容量必须能够存放供应间隔期内的最大需用量；④材料堆场的场地要平整，设排水沟，不积水；构件堆放场地要夯实；⑤现场运输道路要坚实，循环畅通，有回转余地；⑥现场的临时仓库要符合防火、防雨、防潮和保管的要求。

(二)施工过程中的管理

施工过程中现场材料管理工作的主要内容如下。

(1)建立健全现场管理的责任制。划区分片，包干负责，定期组织检查和考核。

(2)加强现场平面布置管理。根据不同的施工阶段，材料消耗的变化，合理调整堆料位置，减少二次搬运，方便施工。

(3)掌握施工进度，搞好平衡。及时掌握用料信息，正确地组织材料进场，保证施工的需要。

(4)所用材料和构件要严格按照平面布置图堆放整齐。要成行、成线、成堆，保持堆料场地清洁整齐。

(5)认真执行材料、构件的验收、发放、退料和可回收制度。建立健全原始记录和各种材料统计台账，按月组织材料盘点，抓好业务核算。

(6)认真执行限额领料制度，监督和控制队组节约使用材料，加强检查，定期考核，努力降低材料的消耗。

(7)抓好节约措施的落实。

（三）工程竣工收尾和施工现场转移的管理

工程完成总量的70％以后，即进入收尾阶段，新的施工任务即将开始，必须做好施工转移的准备工作。搞好工程收尾，有利于施工力量迅速向新的工程转移。一般应该注意以下几个问题。

（1）当一个工程的主要分项工程（指结构、装修）接近收尾时，一般情况下，材料已耗了70％以上。要检查现场存料，估计未完工程用料，在平衡的基础上，调整原用料计划，控制进料，以防发生剩料积压，为工程完工、清场创造条件。

（2）对不再使用的临时设施的可以提前拆除，并充分考虑旧料的重复利用，节约建设费用。

（3）对施工现场的建筑垃圾，如筛漏、碎砖等，要及时轧细过筛复用，确实不能利用的废料要随时进行处理。

（4）做好材料收发存的结算工作，理清材料核销手续，进行材料结算和材料预算的对比。考核单位工程材料消耗的节约和浪费，并分析其原因，找出经验和教训，以改进新工地的材料供应与管理工作。

五、现场材料管理与企业其他技术经济管理的关系

现场材料管理与技术管理、财务管理、质量管理、人力资源管理、机械管理，构成了工程项目管理的整体。各管理部门必须互相支持，密切配合与协作，才能完成工程项目的施工生产任务，取得良好的经济效益。现场材料管理是工程项目管理的重要组成部分，与施工技术管理和其他经济管理关系密切。

（一）现场材料管理与技术管理的关系

现场材料管理主要是为施工生产服务，它的各种管理活动都是在施工技术的指导下进行的。但是，现场材料管理活动又制约着技术管理，即工程任务的完成和技术措施的实现，必须依靠现场材料管理的业务支持和物质作保证。

施工组织设计是工程项目制度施工活动的纲领性文件。材料管理部门必须按照其要求，提供工程所需的各种材料、工具和设施，根据进度计划组织供应。为使施工组织设计编制得更加切合实际，现场材料管理人员应提供有关数据，参与编制活动。为保证施工的顺利进行，施工管理部门应按现场平面布置图，搞好“三通一平”，修建材料仓库、平整场地和各种临时设施，确定材料堆放场地，做好材料

进场准备，向材料管理部门提供月、旬施工作业计划和需用料具动态，如发生设计变更，或由于各种原因改变施工进度，要及时向材料部门提供信息，以便采取措施。施工预算是组织材料供应的数据，是加强现场材料管理的基础，应早日编送材料管理部门，以便及时核对工程材料需用量，编报材料进场和采购计划，组织材料配套供应和定额供料。施工技术部门还应搞好"两算对比"，以便进一步考核班组耗料情况和企业技术管理水平。近来许多工程项目未能及时编制施工图预算，而施工预算往往也没有编制，这对现场材料的供应与管理是十分不利的。

（二）现场材料管理与财务成本管理的关系

材料费用在建筑工程费用中占的比重最大，组成工程成本的直接费、间接费和利润都与现场材料管理有密切关系。工程成本核算是否正确，很大程度上取决于现场材料管理水平和所提供的原始记录。因此，现场材料管理应该搞好材料的定额供应和班组用料的管理，给财务管理部门提供正确的材料首发记录和"三差"经济签证资料及有关材料调价系数等数据。而财务管理部门也应为现场材料供应和管理组织资金，并在资金运用上提供支援。材料与财务两个管理部门的密切配合协作，对完成工程任务，降低工程成本，提高经济效益都会起到重要的作用。

（三）现场材料管理与质量安全管理的关系

材料质量是保证工程质量和施工安全的重要因素。材料管理部门在采购、订货过程中，必须把好验收关，对不符合设计标准的料具，坚决不用，并做好堆放保管工作，严防变质损坏。质量安全管理部门应为材料管理部门提供有关材料、工具的质量技术资料，对材料质量的检测和试验要给予支持和帮助。只有双方密切配合、加强协作，才能保证工程质量和施工安全。

（四）现场材料管理与劳动工资管理的关系

管好用好现场材料和工具，关键在于从事生产的技术人员和班组工人。劳资部门应该加强劳动力的组织管理和思想教育工作，培养职工树立节约观念，发挥他们的主人翁责任感，做到合理使用材料，降低材料消耗。在劳动力调配进出场时，要配合材料部门办好本部门材料的领退手续，对损失料具的，赔偿后才能调离。现场材料人员必须面向生产、面向班组，为生产服务，按时供应工具用料，提供优质高效的先进工具，方便施工生产，促进劳动效率的提高。

(五)现场材料管理与机械管理的关系

机械设备属于劳动手段,是生产力三要素的重要组成部分。管好机械设备的目的,在于提高其利用率,节约机械费用。机械维修保养所需的材料、配件、工具、润滑剂、燃油料等,均需依靠材料部门按定额提供,以保证机械设备的正常运转,提高机械化施工水平,加快工程进度。材料部门的日常供应管理工作则要依靠企业机械设备管理部门提供运输设备,装卸机械,以完成供应管理任务,为施工生产服务。

第二节　现场材料管理的内容

一、现场材料的验收和保管

(一)收料前的准备

现场材料人员接到材料进场的预报后,要做好以下五项准备工作。

(1)检查现场施工便道是否平整通畅,有无障碍,车辆进出、转弯、调头是否方便,还应适当考虑回车道,以保证材料能顺利进场。

(2)按照施工组织设计的场地平面布置图的要求,选择好堆料场地,要求平整、没有积水。

(3)必须进现场临时仓库的材料,按照“轻物上架,重物近门,取用方便”的原则,准备好库位,防潮、防霉材料要事先准备好垫板,易燃易爆材料要准备好危险品仓库。

(4)夜间进料要准备好照明设备,在道路两侧及堆料场地都有足够的亮度,以保证安全生产。

(5)准备好材料装卸设备、计量设备、遮盖设备等。

(二)材料验收的步骤

现场材料的验收主要是检验材料品种、规格、数量和质量。材料验收的步骤如下:①查看送料单,是否有误送。②核对实物的品种、规格、数量和质量,是否和凭证一致。③检查原始凭证是否齐全正确。④做好原始记录,逐条详细填写收料日记,验收情况登记栏,必须将验收过程中发生的问题填写清楚。

(三)材料的验收保管方法

1.水泥

(1)质量验收。

水泥厂生产的水泥以出厂质量保证书为凭,进场时验查单据上水泥品种、等级与水泥袋上印的标签是否一致,不一致的应该分开码放,待进一步查清;检查水泥出厂日期是否超过规定时间,超过的要另行处理;遇到有两个单位同时到货时,应详细验收,分别码放,防止品种不同而混杂使用。

(2)数量验收。

包装水泥在车上或卸入仓库后点袋计数,同时对包装水泥进行抽检,以防每袋重量不足。破袋的要灌袋计数并过秤,防止重量不足而影响混凝土和砂浆强度,产生质量事故。

罐车的散装水泥可按出厂秤码单位计量净重,但卸车时要卸净,检查的方法是看罐车上的压力表是否为零及拆下的泵管是否有水泥。压力表为零、管口无水泥即表明卸净,对怀疑重量不足的车辆,可采取单独存放,进行检查。

(3)保管。

水泥应入库保管。仓库地坪要高出室外地面20～30厘米,四周墙面要有防潮措施,码操时一般码10袋,最高不得超过15袋。不同品种、强度等级和日期的水泥要分开码放,挂牌标明。特殊情况下,水泥需在露天临时存放时,必须有足够的遮垫措施,做到防水、防雨、防潮。散装水泥要有固定的容器,既能用自卸汽车进料,又能人工出料。

水泥的储存时间不能长,出场后超过3个月的水泥,要及时抽样检查,经化验后按重新确定的强度使用。如有硬化的水泥,要经处理后降级使用。水泥应避免与石灰、石膏以及其他易于飞扬的粒状材料同存,以防混杂,影响质量。包装如有损坏,应及时更换以免散失。

水泥库房要经常保持清洁,落地灰及时清理、收集、灌装,并应另行收存使用,根据使用情况安排好进料和发料的衔接,严格遵守先进先发的原则,防止发生长时间不动的死角。

2.木材

(1)木材质量验收。

木材的质量验收包括材种验收和等级的验收。木材的品种很多,首先要辨认材料品种及规格是否符合。对照木材质量标准，查验其腐朽、弯曲、钝棱、活死节、裂纹以及斜纹等缺陷是否与标准规定的等级相符。

(2)木材数量的验收。

木材的数量以材积表示，要按规定方法进行检尺，按材积表查定材积，也可按体积计算公式计算。

(3)木材的保管。

木材应按材种及规格等不同分别进行码放，要便于抽取和保持通风，板、方材的垛顶部要遮盖，以防日晒雨淋。经过烘干处理的木材，应放进仓库。

木材表面水分蒸发不一致，常常容易干裂。因此，应避免日光直射。可采用狭而薄的衬条，或用隐头堆积，或在端头设置遮阳板。木材存料场地要高，通风要好，清除腐木、杂草和污物。必要时用5%的漂白粉溶液喷洒。

3.钢材

(1)建筑钢材验收的基本要求。

建筑钢材从钢厂到施工现场经过了许多环节，建筑钢材的检验验收是质量管理中必不可少的环节。建筑钢材必须按批进行验收，并达到其基本要求。

①订货和发货资料与实物一致。检查发货码单和质量证明书内容是否与建筑钢材标牌、标志上内容相符。对于钢筋混凝土用热轧带肋钢筋、冷轧带肋钢筋和预应力混凝土用钢丝、钢棒、钢绞线必须检查其是否有《全国工业产品生产许可证》，该证由国家质量监督检验检疫总局颁发，证书上印有图徽，有效期不超过5年。对符合生产许可证申报条件的企业，由各省市的工业产品生产许可证办公室先发放《行政许可受理决定书》，并自受理企业申请之日起60日内做出是否准予许可的决定。

②检查包装。除型钢外，都必须成捆交货，每捆必须用钢带、盘条或铁丝均匀捆扎结实，端面要求平齐，不得有异类钢材混装现象。每一梱扎件上一般都拴有两个标牌，上面注明生产企业名称或厂标、牌号、规格、炉罐号、生产日期、带肋钢筋生产许可证标志和编号等内容。带肋钢筋生产企业都应在自己生产的热轧带肋钢筋表面轧上明显的牌号标志，并依次札上厂名(或商标)和直径(mm)。

③对建筑钢材质量证明书内容进行审核。质量证明书必须字迹清楚，证明书中应注明供方名称或厂标、需方名称、发货日期、合同号、标准号、水平等级、牌号、炉罐(批)号、交货状态、加工用途、重量、支数或件数、品种名称、规格尺寸(型号)和级别及标准中所规定的各项试验结果(包括参考性指标)和技术监督部门印记等。

钢筋混凝土用热轧带肋钢筋的产品质量证明书上印有生产许可证编号和该

企事业产品表面标志，冷轧带肋钢筋的产品质量证明书上应印有生产许可证编号。质量证明书应加盖生产单位公章或质检部门检验专用章。若建筑钢材是通过中间供应商购买的，则质量证明书复印件上应注明购买时间、供应数量、买受人名称、质量证明书原件存放单位，在建筑钢材质量证明书复印件上必须加盖中间供应商的红色印章，并有送交人的签名。

(2)数量验收。

现场钢材数量验收可通过称重、点件、检尺换算等几种方式验收。验收中应注意的是，称重验收可能产生磅差，其量差在国家标准允许范围内，即签认送货单数量；若差量超过国家允许范围，则应找有关部门解决。检尺换算所得重量与称重所得重量会产生误差，特别是国产钢材其误差量可能较大。因此，供需双方应统一验收方法，当现场数量检测确实有困难时，可到供料单位监磅发料，保证进场材料数量准确。

(3)质量验收。

钢材质量验收分外观质量验收和内在化学成分、力学性能的验收。外观质量验收中，由现场材料验收人员通过眼睛、手摸，或使用简单工具，如钢刷、木棍等，检查钢材表面是否有缺陷。钢材的化学成分、力学性能均能均应经有关部门复检，与国家标准对照后，判定其是否合格。

(4)保管。

施工现场存放材料的场地狭小，保管设施较差。钢材中优质钢材、小规格钢材，如镀锌板、镀锌管、薄壁电线管等，最好入库保管，若条件不允许，只能露天存放时，应做好苫垫。

钢材在保管中必须分清品种、规格、材质，不能混淆。保持场地干燥，地面不积水，清除污物。

4.砂、石料

(1)质量验收。

现场砂石料一般先目测。

砂：颗粒坚硬洁净，一般要求中粗砂，细沙除特殊需要外一般不用。黏土、泥灰、粉末等不超过3%～5%。

石：粒形近似立方块。针片状颗粒不得超过25%，在大于C30混凝土中，不得超过15%。注意鉴别有无风化石混入。含泥量一般混凝土不得超过2%，大于C30的混凝土不超过1%。

砂石含泥量的外观检查：黄砂颜色灰黑，手感发黏，抓一把能黏成团，手放开后，砂团散开，发现有粘连小块，用手指捻开小块，指上留有明显泥污的，表示含泥量过高。石子的含泥量，用手握石子摩擦后无尘土粘于手上，表示合格。

(2)数量验收。

砂石的数量验收按运输工具不同、条件不同而采取不同方法，常使用量方验收，即进料后先做方，即把材料做成梯形堆放在平整的地上。

凡是出厂有计数凭证的一般称为上量方(即以发货凭证的数量为准，但要进行抽查)；凡进场计数称下量方。一般应在现场落地成方，检查验收，也可车上检查验收。无论是上量方抽查，还是下量方检查，都应考虑运输过程的下沉率。

(3)保管。

一般应集中堆放在混凝土搅拌机和砂浆搅拌机旁，不宜过远。堆放要成方成堆，避免成片。平时要经常清理，并督促班组清底使用。

5.砖

(1)质量验收。

一般抗压、抗折、抗冻等数据，以质保书为凭。现场主要从以下两方面做外观验收。

①砖的颜色，不使用未烧透或过火的砖，即色淡和色黑的红砖不能使用。

②砖的规格，按砖的等级要求验收。

(2)数量验收。

定量码垛点数，在指定地点码垛(200块为一垛)点数，便于发放。

①托板计数。用托板装运的砖，按不同砖每托板规定的装砖数，集中整齐码放，清点数量为每托板数量乘托板数。

②车上点数。一般适用于车上码放，现场亟待使用，需要边卸边用的情况。

(3)保管。

按现场平面布置图，码放于垂直运输设备附近便于起吊。不同品种规格的砖应分开码放，基础墙、底层墙的砖可沿墙周围码放。使用中要注意清底，用一垛清一垛，断砖要充分利用。

6.成品、半成品

成品、半成品包括混凝土构件、门窗、铁件及成型钢筋等。除门窗用于装修外，其他都用于承重结构系统。在混合结构项目中，这些成品、半成品占材料量的30%左右，是建筑工程的重要材料。

(1)混凝土构件。

混凝土构件一般在工厂生产,运到现场安装。混凝土构件笨重、量大,规格、型号多,验收时一定要对照加工计划,分层分段配套码放,码放在吊车的起重臂回转半径范围内。要认真核对品种、规格、型号,检验外观质量,及时登记台账,掌握配套情况。

(2)铁件。

铁件主要包括金属结构、预埋铁件、楼梯栏杆、垃圾斗、水落管等。铁件进场要按加工图纸验收,复杂的应会同技术部门验收。铁件一般露天存放,精密的要放入库内或棚内,露天存放的大铁件要用垫木垫起。小件可搭设平台,要分品种、规格、型号码放整齐,并挂牌标明。铁件要按加工计划逐项核对验收,按单位工程登记台账。

(3)门窗。

门窗有钢质、本质、塑料质和铝合金质,都是在工厂加工运到现场安装。门窗验收要详细核对加工计划,认真检查规格、型号。门窗进场后要分品种、规格码放整齐。木门、窗扇以及存放时间长的钢门、钢窗要存入库内或棚内,用垫木垫起。门窗验收码放后,要挂牌标明规格、型号、数量,按单位工程建立门窗及附件台账,防止错领错用。

(4)成型钢筋。

成型钢筋是指由工厂加工成型后运到现场绑扎的钢筋。会同生产班组按照加工计划验收规格、数量,一并交班组管理使用。钢筋的存放场地要平整,没有积水,分规格码放整齐,要用垫木垫起,防止水浸锈蚀。

二、现场材料的发放和耗用

(一)现场材料发放

1. 材料发放程序

(1)将施工预算或定额员签发的限额领料单下达到班组。工长在对班组交代生产任务的同时,也要做好用料的交底。

(2)班组持限额领料单向材料员领料。材料员经核定工程量、材料品种、规格、数量等无误后,交给锁料员和仓库保管员。

(3)班组凭限额领料单领用材料,仓库依此发放材料。发料时应以限额领料单为依据，限量发放，可直接记载在限额领料单上，也可开领料小票，双方签字认证。

(4)当领用数量达到或超过限额数量时，应立即向主管工长和材料部门主管人员说明情况，分析原因，采取措施。若限额领料单不能及时下达，应由工长填制并由项目经理审批的工程暂借用料单，办理因超耗及其他原因造成多用材料的领发手续。

2.材料发放方法

在现场材料管理中，各种材料的发放程序基本上是相同的，而发放方法因品种、规格不同而有所不同。

(1)大堆材料。

主要有砖、瓦、灰、砂、石等材料，一般是露天存放且多工种使用。按照材料管理要求，大堆材料的进出场及现场发放都要进行计量检测。这样做既保证施工工程的质量，也保证了材料进出场及发放数量的准确性。发放大堆材料除按限额领料单中确定的数量发放外，还应做到在指定的料场清底使用。对混凝土、砂浆所使用的砂、石，按配合比进行计量控制发放。也可以按混凝土、砂浆不同强度等级的配合比，分盘计算发料的实际数量，因此要做好分盘记录和办理领发料手续。

(2)主要材料。

包括水泥、钢材、木材三大材料。主要材料一般是在库房发放材料或是在指定的露天料场和大棚内保管存放，有专职人员办理领发手续。主要材料的发放要凭限额领料单(任务书)领发料，还要根据有关的技术资料和使用方案进行发放。

例如水泥的发放，除应根据限额领料单签发的工程量，材料的规格、型号及定额的数量外，还要根据混凝土的配合比进行发放。另外，要看工程量的大小，需要分期分批发放的，要做好领发记录。

(3)成品及半成品。

主要包括混凝土构件、钢木门窗、铝合金门窗、塑钢门窗、铁件及成型钢筋等材料。一般是在指定的场地和大棚内存放，有专职人员管理和发放。发放时凭据限额领料单及工程进度，并办理领发手续。

3.材料发放应注意的问题

(1)提高材料人员的业务素质和管理水平，对工程概况、施工进度计划、材料性能及工艺要求有了解，便于配合施工生产。

(2)根据施工生产需要,按照国家计量法规定,配备足够的计量器具,严格执行材料进场及发放的计量检测制度。

(3)在材料发放过程中,认真执行定额用料制度,核实工程量、材料品种、材料规格及定额用量,以免影响施工生产。

(4)严格执行材料管理制度,大堆材料清底使用,水泥早进早发,装饰材料按计划配套发放,以免造成浪费。

(5)对价值较高及易损坏、易丢失的材料,发放时领发双方须当面点清,签字认证,并做好发放记录。并且要实行承包责任制,防止丢失损坏,以免重复领发料。

(二)现场材料耗用

1.材料耗用依据

现场耗用材料的依据是施工班组、专业施工队所持的限额领料单(任务书),持领料单到材料部门办理不同的领料手续。

常见的有两种:一是小票;二是材料调拨单。

2.材料耗用程序

现场消耗材料过程是材料核算管理的重要组成部分。根据材料的分类以及材料的使用去向,采取不同的耗料程序。

工程耗用材料包括大堆材料、主要材料及成品、半成品等。其耗料程序是根据领料凭证(任务书)所发出的材料经核算后,对照领料单进行核实,按实际工程进度计算材料的实际耗料数量。由于设计变更、工序搭接造成材料超耗的,也要如实记入耗料台账,便于工程结算。

3.材料耗用计算方法

为了使工程收到较好的经济效益,使材料得到充分利用,保证施工生产,根据材料不同的种类、型号分别采取不同的耗料计算方法。

(1)大堆材料。

一般露天存放,不便于随时计数,耗料一般采取两种计算方法:一是实行定额耗料,按实际完成工作量计算出材料用量,并结合盘点,计算出月度耗料数量;二是根据混凝土、砂浆配合比和水泥耗用量,计算其他材料用量,并按项目记入材料发放记录，到月底累计结算，作为月度耗料数量。有条件的现场，可采取进场划拨，结合盘点计算耗料。

(2)主要材料。

一般是库发材料，根据工程进度计算实际耗料数量。例如，标砖的耗料，根据月度实际进度部位，以实际工程量为依据计算标砖需用量，然后根据实际使用数量开具的领料小票或按实际使用量逐日记载的标砖发放记录累计结算，作为标砖的耗料数量。

(3)成品及半成品。

一般是库发材料或在指定的露天料场和大棚内进行管理发放。一般按工程进度、部位进行耗料计算，也可按配料单或加工单进行计算，求得与当月进度相适应的数量，作为当月的耗料数量。

4.材料耗用中应注意的问题

现场耗料是保证施工生产、降低材料消耗的重要环节，切实做好现场耗料工作，是搞好项目承包的根本保证。为此应做好以下工作。

(1)要加强材料管理制度，建立健全各种台账，严格执行限额领料和料具管理规定。

(2)分清耗料对象，按照耗料对象分别记入成本。对于分不清的，例如群体工程同时使用一种材料，可根据实际总用量，按定额和工程进度适当分解。

(3)严格保管原始凭证，不得任意涂改耗料凭证，以保证耗料数据和材料成本的真实可靠。

(4)建立相应的考核制度，对材料耗用要逐项登记，避免乱摊、乱耗，保证耗料的准确性。

(5)加强材料使用过程中的管理，认真进行材料核算，按规定办理发料手续，为推广项目承包打好基础。

(三)降低材料消耗的措施

材料使用过程的管理，就是对材料在施工生产消耗过程中进行组织、指挥、监督、调节和核算，借以消除不合理的消耗，达到物尽其用、降低材料成本、增加企业经济效益的目的。建筑企业材料的利润一方面来自材料采购供应等材料流通过程；另一方面则来自材料使用过程，即降低材料消耗。

为提高现场材料管理的规范水平，以实现节约材料的目的，一般有四大主要途径：一是在生产过程中采取技术措施实现材料节约；二是通过加强材料管理实现材料节约；三是实行材料节约奖励制度；四是实行材料承包责任制。

1.在生产过程中采取技术措施实现节约材料

在生产过程中采取技术措施节约材料，是指在材料消耗过程中，根据材料的性能和特点，采取相应的技术措施而实现的材料节约。

(1)水泥节约的措施。

①优化混凝土配合比。

混凝土是以水泥为胶凝材料，由水和粗细骨料按适当比例配制而成的混合物，经一定时间硬化成为人造石。砂石起骨架作用，称为骨料；水泥与水构成水泥浆，包裹在骨料表面并填充其空隙。在硬化前，水泥浆只起润滑作用，赋予混合物定流动性。水泥浆硬化后，则将骨料胶结成一个坚实的整体。

组成混凝土的所有材料中，水泥的价格最高。水泥的品种、等级很多，因此经济合理地使用水泥，对于保证工程质量和降低成本是非常重要的，其主要的节约措施如下。

第一，选择合理的水泥等级。在选择水泥强度等级时，一般以所用水泥的强度等级为混凝土强度等级号的1.5～2.0倍为宜；当配制高等级混凝土时，可以取0.9～1.5倍。上述倍数关系只在通常情况下成立，当使用外加剂或其他工艺时，则并不完全拘泥于此。使用高强度水泥配制低强度混凝土时，用较少的水泥就可达到混凝土所要求的强度，但不能满足混凝土的和易性及耐久性要求，因此还需要增加水泥用量，这样会造成浪费，所以当必须用高强度水泥配制低强度混凝土时，可掺一定数量的混合料，如磨细粉煤灰，以保证必要的和易性，并减少水泥用量。反之，如果要用低标强度等级水泥配制高强度等级混凝土时，则因水泥用量太多，会对混凝土技术特性产生一系列不良影响。

第二，在级配满足工艺要求的情况下，尽量选用大粒径的石料。因为同等体积的骨料，粒径小的表面积比粒径大的表面积要大，需用较多的水泥浆才能裹住骨料表面，势必增加水泥用量。所以，在施工中，要视钢筋混凝土的钢筋间距大小、结构面尺寸大小，按照施工工艺要求合理选用石子粒径。骨料选用得好，既可节约水泥，又可提高经济效益。

第三，掌握好合理的砂率。砂率合理，既能使混凝土混合物获得所要求的流动性及良好的黏聚性与保水性，又能使水泥用量减为最少。

第四，控制水灰比。水与水泥之比为水灰比。水灰比确定需要严格控制，水灰比过大会造成混凝土黏聚性和保水性不良，产生流浆、离析现象，并严重影响混凝土的强度。

②合理掺加外加剂。

混凝土外加剂可以改善混凝土和易性，并能提高其强度和耐久性，从而节约水泥。

③充分利用水泥性能富余系数。

按照水泥生产标准，出厂水泥的实际强度等级均高于其标识等级，两者之间的差称为富余性能。由于生产单位设备条件、技术水平所限，加上检测手段差，水泥质量不稳定，水泥的富余系数波动较大。大水泥厂生产的水泥一般富余强度较大。所以建筑企业要加强测试工作，及时掌握其活性，以充分利用各种水泥的富余系数，一般可节约水泥10%左右。

④掺加粉煤灰。

粉煤灰是发电厂燃烧粉状煤灰后的灰渣，经水冲排出的是湿原状粉煤灰。湿原状粉煤灰经烘干磨细，可成为与水泥细度相同的磨细粉煤灰。一般情况下在混凝土中加入10.3%磨细粉煤灰，可节约6%水泥。

为了贯彻上述各项节约水泥措施，在大量混凝土浇捣施工过程中，应由专人管理配合比，保证水泥节约措施的落实并保证质量。

(2)木材的节约措施。

木材是一种自然资源，我国森林覆盖率只有12%，木材资源缺乏，开采方法较为落后，目前国内提供的木材远远不能满足建设的需要，每年都要用大量外汇进口木材。近几年木材价格不断上涨，节约木材尤为重要。

节约木材的措施有以下几项。

①以钢代木。

用组合式定型钢模板、大模板、滑模、爬模、盒子模代替木模。这些模板都是用钢材制作的，使用方便，周转次数可达几十次，如用钢模板代替木模，每立方米钢筋混凝土可节约木材80%左右，是节约木材的重要措施。此外，以钢管脚手架代替杉木脚手架也是节约木材的重要措施。

②改进支模办法。

采用无底模、砖胎模、升板、活络脱模等支模办法可节约模板用量或加快模板周转。

③优材不劣用。

有些建筑企业用优质木材代替劣等木材使用，极不经济。

④长料不短用。

木材长料锯成短料很容易，短料要接长使用却很困难。要特别注意科学、合理地使用木料。

⑤以旧料代新料。

板条墙、板条精平顶天棚的短撑档木大都在40厘米左右，可以不用新料，以旧短料代替。另外建筑工地木模拆下后的旧短料很多，应予合理使用，做到物尽其用。

(3)钢材的节约措施。

①集中断料，合理加工。

在一个建筑企业范围内，所有钢构件、铁件加工应该集中到一个专设单位进行。这样做，一是有利于钢材配套使用；二是便于集中断料，通过科学排料，使边角料得到充分利用，使损耗量达到最低程度。

(2)合理的焊接或绑扎钢筋的搭接长度。

线材经过冷拔可以提高延伸率，减少钢材用量。使用预应力钢筋混凝土，亦可节约钢材。

(3)充分利用短料、旧料。

对建筑企业来说，需加工的品种、规格繁多，加工时，可以大量利用短料、边角料、旧料。如加工成型钢筋的短头料，可以制作预埋铁件的脚头。制作钢管脚手架锯下的短管，可以作钢模斜撑、夹箍等。

(4)尽可能不以大代小，以优代劣。

可用沸腾钢的不用镇静钢，不随意以大代小，实在不得已要代用时，也应经过换算断面积，如钢筋大代小时可以减少根数，型钢可以选择断面积最接近的规格，使代用后造成的损失尽量减少。

2.加强材料管理，提高企业管理水平

(1)加强基础管理。

材料的基础管理是实施各项管理措施的基本条件。正确使用材料消耗量定额，能够编制准确的材料计划，就能够按需要采购供应材料。实行限额领料管理办法，可有效地控制材料消耗数量。因此加强材料消耗量定额管理、材料计划管理，坚持进行材料分析和“两算对比”等基础管理，可以有效地降低材料采购供应和使用中的风险，为实现材料使用中的节约创造条件。目前由于“三边”工程较多，许多工程预算完成较晚，材料分析很难事先做出，造成边干边算，极容易形成材料超耗。通过材料分析和“两算对比”可以做到先算后干，对材料消耗心中有数。

(2)合理配置采购权限。

企业应根据一定时期内的生产任务情况、工程特点和市场需求状况，不断地调整材料采购工作的管理流程，力争在批发、规模采购、资金和储备设施的充分利用，提高采购供应工作效率，调动基层的积极性上求得一个相对合理的管理分工，以获得综合经济效益。

(3)提高配套供应能力。

现场材料管理工作不仅要管供，还要管用、管节约。从组织资源开始，就追求对生产的配套供应能力，最大限度地提高材料使用效率，选择合理的供应方式，并做好施工现场的平衡协调工作，实现材料供应的高效率、高质量。

(4)合理储备材料。

合理确定材料储备定额，在很大的意义上是为了能够用较少的材料储备，满足较多的施工生产需要。因此材料储备合理，可以加速库存材料的周转，减少资金的占用，减少人力的支出，从而实现综合材料成本的降低。

(5)开展文明施工。

文明的施工现场意味着高水平的现场材料管理。材料供应到现场时，尽量做到一次就位，减少二次搬运和堆积损失；加强现场场容管理，及时清理、回收和再利用剩余材料和废旧材料；督促施工队伍操作落手清，减少操作中的材料损耗；材料堆放合理便于发放，提高材料管理工作效率。以上措施的落实既节约材料，也能够提高企业的经济效益，还有利于现场面貌改观。

(6)定期进行经济活动分析。

定期进行经济活动分析，开展业务核算，通过分析找出问题，并采取相应措施；同时推广行之有效的现场材料管理经验，提高工程项目的经济运行能力和成本控制水平。

3.实行材料节约奖励制度，提高节约材料的积极性

实行材料节约奖励制度，是材料消耗管理中运用经济手段管理生产建设活动。材料节约奖励属于单项奖，奖金可在材料节约价值中支付。它是在认真执行定额、计量准确、手续完备、资料齐全、节约有奖的基础上，按照多节多奖，不节不奖，国家、企业、个人三兼顾的原则确定的有效激励方式。

实行材料节约奖励一般有两种基本方式。一种是规定节约奖励标准，按照节

约额的比例提取节约奖金，奖励操作工人及有关人员；另一种是在节约奖励标准中规定超耗罚款标准，控制材料超耗现象。

4.实行现场材料承包责任制，提高经济效益

现场实行材料承包责任制，是材料消耗过程中的材料承包责任制。它是材料部门中诸多责任制之一。它是使责、权、利紧密结合，降低单位工程材料成本的一种有效管理手段，体现了企业与项目、项目与个人在材料消耗过程中的职责、义务和与此相适应的经济利益。随着项目管理体制的不断完善，现场材料承包被广泛使用，并取得了一定效果。实行现场材料承包一般有三种形式。

(1)单位工程材料承包。

对工期短、便于考核的单位工程，从开工到竣工的全部工程用料实行一次性承包。承包内容既要包括材料实物量，也要包括材料金额，实行双控指标。由企业向项目负责人发包，考核对象是项目承包者。这种承包可以反映单位工程的整体效益，有利于工程项目统筹管理材料采购、消耗和核算工作。项目负责人从整体考虑，注意各工种、工序之间的衔接，使材料消耗得到控制。

(2)按工程部位承包。

对工期长、参建人员多或操作单一损耗量大的单位工程，分为基础、结构、装修、水电安装等施工阶段，分部位实行承包。由主要工程的分包施工组织承包，实行定额考核、包干使用的制度。这种承包的特点是专业性强，管理到位，有利于发挥各承包组织的积极性。

(3)特殊材料单项承包。

对消耗量大、价格较高、容易损耗的特殊材料实行单项承包。这些材料一般功能要求特殊，使用过程易损耗或易丢失，也有从国外进口的材料，一般实行单项承包。这种承包可以在大面积施工、多工种参建的条件下，使某项专用材料消耗控制在定额之内，避免人多手杂，乱抄、乱拿的现象。

第三节 现场工具管理

一、工具管理的概念

工具是人们用以改变劳动对象的手段，是生产力要素中的重要组成部分。工

具一般可以多次使用，在生产中能长时间发挥作用。因此工具在使用过程中的管理是在保证生产适用的基础上延长使用寿命的管理。工具管理是施工企业材料管理的组成部分，工具管理的效果直接影响施工能否顺利进行及劳动生产率和工程成本。

二、工具管理的主要任务

(1)及时、齐备地向施工组织提供优良、适用的工具，积极推广和采用先进工具，保证施工生产，提高劳动效率。

(2)采取有效的管理办法，延长使用寿命，最大限度地发挥工具效能。

(3)加强工具的收、发、维护、维修。

(4)降低工具费用成本，提高工程项目经济效益。

三、工具的分类

目前，我国的建筑施工仍以手工操作为主。如结构施工中的钢筋绑扎、木模板支搭。设备安装和装饰装修工程中手工操作则更多。这就决定了施工工具不仅品种多，而且用量大。建筑企业的工具消耗，一般约占工程造价的2%。因此，做好工具管理是提高企业经济效益的重要途径之一。为了便于管理通常将工具按不同标准进行分类。

(一)按工具的价值和使用期限分类

1.固定资产工具

固定资产工具指使用年限在1年以上，单价在规定限额(一般为1 000元)以上的工具。如起重在50吨以上的千斤顶，测量用的水准仪等。

2.低值易耗工具

低值易耗工具指使用期限及价值均低于固定资产标准的工具。如手电钻、灰槽、扳手、灰桶、手推车等。这类工具量大复杂，约占企业生产工具总价值的60%以上。

3.消耗性工具

消耗性工具指价值较低(一般单价在10元以下)，使用寿命很短，重复使用次数很少且无回收价值的工具。如铅笔、扫帚、油刷、锹把、锯片等。

(二)按工具的使用范围分类

1. 专用工具

专用工具指为某种特殊需要或完成特定作业项目所使用的工具。如千斤扳手、量卡具以及根据需要自制或订购的非标准工具。

2. 通用工具

通用工具指使用广泛的定型产品,如各类扳手、钳子等。

(三)按工具的使用方式和保管范围分类

1. 个人随手工具

个人随手工具指在施工生产中使用频繁,体积小便于携带而交由个人保管的工具。如砖刀、抹子、卷尺、铅笔等。

2. 班组共用工具

班组共用工具指在一定作业范围内为一个或多个施工班组共同使用的工具。它包括两种类型:一是在班组内共同使用的工具,如胶轮车、水桶等;二是在班组之间或工种之间共同使用的工具,如水管、搅灰盘、磅秤等。前者一般固定给班组使用并由班组负责保管,后者按施工现场或单位工程配备,由现场材料人员管理。计量器具则由计量部门统管。

另外,按工具的性能分类,有电动工具、手动工具两类;按使用方向分,有木工工具、瓦工工具、油工工具等;按工具的产权划分有自有工具、借人工具、租赁工具。工具分类的目的是满足管理的需求,便于分析工具管理动态,提高工具管理水平。

四、工具管理的内容

(一)工具储存管理

工具验收后入库,按品种、质量、规格、新旧残废程度分开存放。同样工具不得分存两处,成套工具不得拆开存放,不同工具不得叠压存放。制定工具的维护保养技术规程，如防锈、防刃口碰伤、防易燃物品自燃、防雨淋和日晒等。对损坏的工具及时修复，延长工具使用寿命，使之处于随时可投入使用的状态。

(二)工具发放管理

按工具费定额发出的工具，要根据品种、规格、数量、金额和发出日期登记入账，以便考核班组执行工具费定额的情况。出租或临时借出的工具要做好详细记录并办理有关租赁和借用手续，以便按期、按质、按量归还。坚持“交旧领新”“交旧换新”和“修旧利废”等行之有效的制度，做好废旧工具的回收、修理工作。

(三)工具使用管理

根据不同工具的性能和特点制定相应的工具使用技术规程和规则。监督、指导班组按照工具的用途和性能进行合理使用。

五、工具管理的方法

(一)工具租赁管理

工具租赁是在一定的期限内，工具的所有者在不改变所有权的条件下，有偿地向使用者提供工具的使用权，双方各自承担一定的义务，履行一定契约的一种经济关系。工具租赁的管理方法适合于除消耗性工具和实行工具费补贴的个人随手工具以外的所有工具品种。企业对生产工具实行租赁的管理方法，需进行以下几步工作。

(1)建立正式的工具租赁机构，确定租赁工具的品种范围，制定有关规章制度，并设专人负责办理租赁业务。班组亦应指定专人办理租用、退租及赔偿事宜。

(2)测算租赁单价。

(3)确定租赁单价或按照工具的日摊销费确定日租金额。

(4)使用天数可按本企业的历史水平计算。

(5)工具出租者和使用者签订租赁协议或合同。

(6)根据租赁协议，租赁部门将出租工具的有关事项登入《租金结算台账》。

(7)租用期满后，租赁部门根据《租金结算台账》填写《租金赔偿结算单》。如有发生工具的损坏、丢失，将丢失损坏金额一并填入该单“赔偿栏”内。结算单中金额合计应等于租赁费和赔偿费之和。

(8)班组用于支付租金的费用来源是定包工具费收入和固定资产工具及大型低值工具平均占用费。某种固定资产工具和大型低值工具平均占用费＝该种工具摊额×月利用率%，该班组所付租金从班组租赁费收入中核减，财务部门查收后，作为班组工具费支出，计入工程成本。

(二)工具定包管理

工具定包管理是“生产工具定额管理、包干使用”的简称，是指施工企业按照工程施工所需工具数量配给使用方，由使用者包干使用，实行节奖超罚的管理方法。

工具定包管理一般对瓦工、抹灰工、木工、油工、架子工、水暖工、电工等专业工种实行效果较好。实行定包管理的工具品种包括除固定资产工具及实行个人工具费补贴的随手工具以外的工具。

班组工具定包管理是按各工种的工具消耗定额，对班组集体实行定包。实行班组工具定包管理，包括以下内容。

(1)实行定包的工具的所有权属于企业。企业材料部门指定专人管理，专门负责工具定包的管理工作。

(2)测定各工种的工具费定额。定额的测定可分两步进行：

①在向有关人员调查的基础上，查阅不少于 2 年的工具费用消耗资料，确定各工种所需工具的品种、规格、数量，并以此作为各工种的定包标准；

②分别确定各工种工具的使用年限和月摊销费。

(4)工程项目材料部门根据工种标准定包工具的品种、规格、数量，向有关使用方发放工具。使用方可按标准定包数量足量领取，也可根据实际需要少领。自领用日起，按实领工具数量计算摊销，使用期满以旧换新后继续摊销。但对使用期满而延长使用时间的工具，应停止摊销收费。凡因使用方责任造成的工具丢失和因非正常使用造成的损坏，由使用方承担损失。

(5)实行工具定包的使用方需设立兼职工具员，负责保管工具，督促内部成员爱护工具和记载保管手册。

零星工具可按定额规定使用期限，交给个人保管，丢失赔偿。

因生产需要调动工作，小型工具自行搬运，不报销任何费用或增加工时。确属无法携带需要运输车辆对，由行政出车运送。

企业应参照有关工具修理价格，结合本单位各工种实际情况，制定工具修理取费标准及班组定包工具修理费收入，这笔收入可记入月度定包工具费收入，统一发放。

(6)班组定包工具费的支出与结算。

(7)工具费结算若有盈余,为班组工具节约,盈余额可全部或按比例作为工具节约奖励,归班组所有;若有亏损,则由使用者负担。企业可将各工种班组实际的定包工具费收入,作为企业的工具费开支,记入工程成本。

企业每年年终应对工具定包管理效果进行总结分析,找出影响因素,提出有针对性的处理意见。

(三)对外包队使用工具的管理

(1)凡外包劳务队使用本企业工具者,均不得无偿使用,一律执行购买和租赁的办法。外包队领用工具对,须由企业劳资部门提供有关详细资料,包括外包队所在地区出具的证明、人数、负责人、工种、合同期限、工程结算方式及其他情况,并应说明用工增减情况。

(2)对外包队一律按进场时申报的工种领发工具费。凡施工期内变换工种的,必须按新工种连续操作 25 天,方能请按新工种发放工具费。外包劳务队工具费发放的数量,可参照工具定包管理中某工种月度定包工具费收入的方法确定。两者的区别是,外包队的人均日工具费定额需按照工具的市场价格确定。外包劳务队的工具费随企业应付工程款一起发放。

(3)外包劳务队使用企业工具的支出采取预扣工程款的方法,并将此项内容列入工程承包合同。预扣工程款的数量根据所使用工具的品种、数量、单价和使用时间进行预计。

(4)外包劳务队向施工企业租用工具的具体程序如下。

①外包队进场后,由所在施工队工长填写“工具租用单”,经材料员核算后,交给劳资部门和财务部门。

②财务部门根据“工具租用单”签发“预扣工程款凭证”,一般一式三份交外包队、财务部门、劳资部门各一份。

③劳资部门根据“预扣工程款凭证”按月分期扣款。

④工程结束后,外包队需按时归还所租用的工具,并以材料员签发的实际工具消耗凭证,与劳资部门结算。

⑤外包劳务队领用小型易耗工具,领用时 1 次计价收费。

⑥外包劳务队在使用工具期内所发生的工具修理费,按现行标准付修理费,从预扣工程款中扣除。

⑦外包劳务队丢失和损坏所使用的工具，一律按工具的现行市场价格赔偿，并从工程款中扣除。

⑧外包劳务队退场时领退工具手续不清的，劳资部门不准结算工资，财务部门不得付款。

(四)个人随手工具的津贴费管理

1.个人工具津贴费的适用范围

这种方法主要适用于工具形体较小、便于携带并主要由个人使用的工具。目前，多数施工企业对瓦工、木工、抹灰工等专业工种所使用的个人随手工具实行个人工具津贴费的管理方法。这种方法可使操作工人有权自主选择顺手工具，有利于加强维护保养，延长工具使用寿命。

2.确定工具津贴标准的方法

根据一定时期的施工方法和工艺要求，确定随手工具的范围和数量，然后测算分析这部分工具的历史消耗水平，在这个基础上，制定分工种的作业工日个人工具津贴费标准，根据每月实际作业工日，发给个人工具津贴费。

凡实行个人工具津贴的工具，单位不再配发工具，施工中需用的工具由个人负责购买、维修和保管，丢失、损坏亦由个人负责。

(五)劳动保护用品的管理

劳保用品指施工生产过程中为保护职工安全和健康必需的用品。包括措施性用品，如安全网、安全带、安全帽、防毒口罩、绝缘手套、电焊面罩等；个人劳动保护用品，如工作服、雨衣、雨靴、手套等。应按各省市劳动条件和有关标准发放。

劳动保护用品的发放管理要求建立劳保用品领用手册；设置劳保用品临时领用牌；对损毁的措施性用品应填写报损报废单，注明损毁原因，连同残物交回仓库。

第五章　建筑工程物资的检测及应用

第一节　木材的检测与应用

木材是人类最早使用的建筑材料之一，已有悠久的历史。它曾与钢材、水泥并称为三大建筑材料。我国在木材建筑技术和木材装饰艺术上都有很高的水平和独特的风格。近年来，我国为保护有限的林木资源，在建筑工程中，木材大部分已被钢材、混凝土、塑料等取代，已很少用做外部结构材料，但由于木材具有美丽的天然纹理、良好的装饰效果，被广泛用作装饰与装修材料。

木材是天然生长的有机高分子材料，具有轻质高强、耐冲击和振动、导热性低、保温性好、易于加工及装饰性好等优点。同时，由于木材的组成和构造是由树木生长的需要而决定的，所以也具有一些缺点。例如，构造不均匀，具有各向异性；湿胀干缩性大，易翘曲开裂；耐火性差，易燃烧；天然疵病多，易腐朽、虫蛀。不过这些缺点经过适当的加工和处理，可以得到一定程度的改善。此外，木材的生长周期长，因此要采用新技术、新工艺对木材进行综合利用。

一、木材的分类、构造和性质

(一)木材的分类

树木的种类很多，木材是取自树木躯干或枝干的材料，按树种的不同常分为针叶树材和阔叶树材。

1. 针叶树材

针叶树树叶细长如针，多为常绿树，树干通直而高大，易得大材，纹理平顺，材质均匀，木质较软，易于加工，故又称软木材。针叶树表观密度和胀缩变形较小，强度较高，耐腐蚀性较好，多用作承重构件。针叶树常用的品种有松、柏、杉等。

2. 阔叶树材

阔叶树树叶宽大，叶脉呈网状，多为落叶树，树干通直部分一般较短，其木质较硬，疤结较多，难以加工，故又称硬木材。阔叶树表观密度较大，强度较高，经湿度变化后变形较大，容易产生翘曲或开裂，在建筑中常用作尺寸较小的装饰和装修构件。阔叶树常用的材质较硬的品种有榆木、水曲柳、柞木等，材质较软的品种有椴木、杨木、桦木等。

(二)木材的构造

木材的构造是决定木材性能的重要因素，由于树种和树木生长环境不同，木材的构造差别很大，通常从宏观与微观两方面研究木材的构造。

1.木材的宏观构造

木材的宏观构造是指用肉眼或借助放大镜能观察到的构造特征。木材在各个切面上的构造不同，具有各向异性，通常从树干的横切面(垂直于树轴的面)、径切面(通过树轴的纵切面)和弦切面(平行于树轴的纵切面)三个切面上进行剖析。

(1)横切面。

横切面是与树干主轴或木纹相垂直的切面，在这个面上可观察若干以髓心为中心呈同心圈的年轮以及木髓线。

(2)径切面。

径切面是通过树轴的纵切面，年轮在这个面上呈互相平行的带状。

(3)弦切面。

弦切面是平行于树轴的纵切面，年轮在这个面上成“V”字形。

树木是由树皮、木质部和髓心三个主要部分组成。树皮覆盖在木质部的外表面，起保护树木的作用。厚的树皮有内外两层，外层即为外皮(粗皮)，内层为韧皮，紧靠着木质部。木质部是工程使用的主要部分。靠近树皮的部分，材色较浅，水分较多，称为边材；在髓心周围部分，材色较深，水分较少，称为心材。心材材质较硬，密度增大，渗透性降低，耐久性、耐腐性均较边材高。一般来说，心材比边材的利用价值大些。髓心是树干的中心，是树木最早形成的木质部分，它质松软无强度，易腐朽，干燥时会增加木材的开裂程度，故一般不用。从髓心向外的辐射线称髓线。髓线的细胞壁很薄、质软，它与周围细胞的结合力弱，木材干燥时易沿髓线开裂。

在横切面上所显示的深浅相间的同心圈为年轮，一般树木每年生长一圈。在同一年轮中，春天生长的木质、色较浅、质松软、强度低，称为春材(早材)；夏秋二季生长的木质、色较深、质坚硬、强度高，称为夏材(晚材)。相同树种，年轮越密且均匀，材质越好，夏材部分愈多，木材强度愈高。

2.木材的微观构造

木材的微观构造是指木材在显微镜下可观察到的组织结构。在显微镜下可以观察到,木材是由大量的紧密联结的冠状细胞构成的,且细胞沿纵向排列成纤维状,木纤维中的细胞是由细胞壁与细胞腔构成的,细胞壁是由更细的纤维组成的,各纤维间可以吸附或渗透水分,构成独特的壁状结构。构成木材的细胞壁越厚时,细胞腔的尺寸就越小,表现出细胞越致密,承受外力的能力越强,细胞壁吸附水分的能力也越强,从而表现出湿胀干缩性更大。

木材的显微构造随树种而异,针叶树与阔叶树的微观构造有较大的差别。针叶树的主要组成部分是管胞、髓线和树脂道,针叶树的髓线比较细小。阔叶树的主要组成部分是木纤维、导管和髓线,阔叶树的髓线比较发达。阔叶树可分环孔材与散孔材,环孔材春材中导管很大并成环状排列,散孔材导管大小相差不多且散乱分布。就木纤维或管胞而言,细胞壁厚的木材表观密度大,强度高。但这种木材不易干燥,胀缩性大,容易开裂。

(三)木材的性质

1.化学性质

木材的化学成分可归纳为:构成细胞壁的主要化学组成;存在于细胞壁和细胞腔中的少量有机可提取物;含量极少的无机物。

细胞壁的主要化学组成是纤维素(约50%)、半纤维素(约24%)和木质素(约25%)。

木材中的有机可提取物一般有树脂(松脂)、树胶(黏液)、单宁(鞣料)、精油(樟脑油)、生物碱(可作药用)、蜡、色素、糖和淀粉等。

木材的化学性质复杂多变。在常温下木材对稀的盐溶液、稀酸、弱碱有一定的抵抗能力,但在强酸、强碱作用下,木材会发生变色、湿胀、水解、氧化、酯化、降解、交联等反应。随着温度升高,木材的抵抗能力显著降低,即使是中性水也会使木材发生水解等反应。木材的上述化学性质也正是木材进行处理、改性以及综合利用的工艺基础。

2.物理性质

(1)木材的密度与表观密度。

各种树种的木材其分子构造基本相同,所以木材的密度基本相等,平均值约为 1 550 kg/m³。

木材的表观密度是指木材单位体积质量，随木材孔隙率、含水量以及其他一些因素的变化而不同。因为木材细胞组织中的细胞腔及细胞壁中存在大量微小的孔隙，所以木材的表观密度较小，一般只有 400～600 kg/m³。

(2)木材的含水率与吸湿性。

木材中所含的水根据其存在形式可分为三类。

结合水是木纤维中有机高分子形成过程中所吸收的化学结合水，是构成木材必不可少的组分，也是木材中最稳定的水分。

吸附水是吸附在木材细胞壁内各木纤维之间的水分，其含量多少与细胞壁厚度有关。木材受潮时，细胞壁会首先吸水而使体积膨胀，而木材干燥时吸附水会缓慢蒸发而使体积收缩。因此，吸附水含量的变化将直接影响木材体积的大小和强度的高低。

自由水是填充于细胞腔或细胞间隙中的水分，木细胞对其约束很弱。当木材处于较干燥环境时，自由水首先蒸发。通常自由水含量随环境湿度的变化幅度很大，它会直接影响木材的表观密度、抗腐蚀性和燃烧性。

木材含水量与木材的表观密度、强度、耐久性、加工性、导热性、导电性等有着一定关系。木材的含水率是指木材中的水分质量与干燥木材质量的百分率。新伐木材含水率常在 35%以上，风干木材含水率为 15%～25%，室内干燥的木材含水率常为 8%～15%。

①木材的纤维饱和点。木材干燥时首先是自由水蒸发，而后是吸附水蒸发。木材吸潮时，先是细胞壁吸水，细胞壁吸水达到饱和后，自由水开始吸入。木材的纤维饱和点是指木材中吸附水达到饱和，并且尚无自由水时的含水率。木材的纤维饱和点是木材物理力学性质的转折点，一般木材多为 25%～35%，平均为 30%左右。

②木材的平衡含水率。木材的含水率随环境温度、湿度的改变而变化。木材含水率较低时，会吸收潮湿环境空气中的水分。当木材的含水率较高时，其中的水分就会向周围较干燥的环境中释放水分。当木材长时间处于一定温度和湿度的空气中，则会达到相对稳定的含水率，亦即水分的蒸发和吸收趋于平衡，此时木材的含水率称为平衡含水率。

当环境的温度和湿度变化时，木材的平衡含水率会发生较大的变化，如图 5－1 所示。达到平衡含水率的木材，其性能保持相对稳定，因此在木材加工和使用之前，应将木材干燥至使用周围环境的平衡含水率。

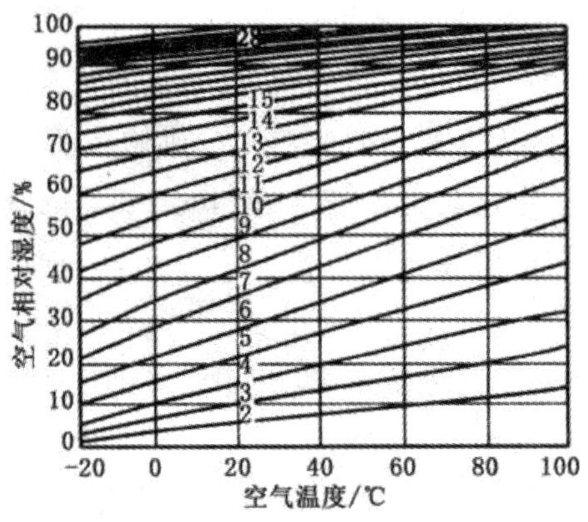

图 5—1 木材的平衡含水率

③湿胀干缩。当木材从潮湿状态干燥至纤维饱和点时，其尺寸并不改变，继续干燥，当细胞壁中的水分蒸发时，木材将发生收缩。反之，干燥木材吸湿后，将发生膨胀，直到含水率达到纤维饱和点时为止，此后即使含水率继续增大，也不再膨胀。木材含水率与胀缩变形的关系如图 5—2 所示。

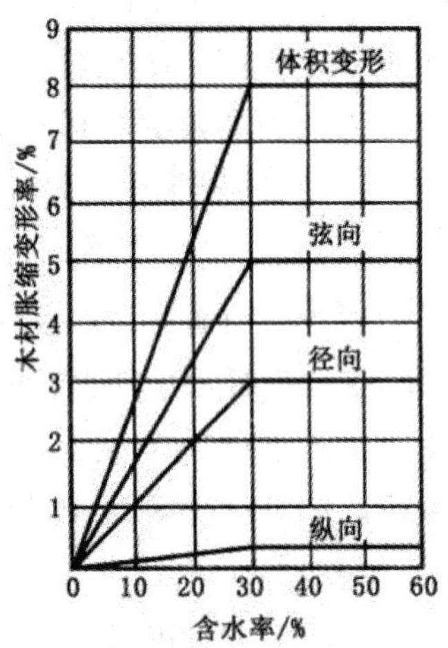

图 5—2 木材含水率与胀缩变形

木材的湿胀干缩变形随树种的不同而异，一般情况下，表观密度大、夏材含量多的木材胀缩变形较大。木材由于构造不均匀，各方向胀缩也不一样，在同一木材中，这种变化沿弦向最大，径向次之，纤维方向最小。木材干燥后的干缩变形如图 5—3 所示。木材的湿胀干缩对木材的使用有严重的影响，干缩使木结构构件连接处发生隙缝而松弛，湿胀则造成凸起。为了避免这种情况，在木材制作前将其进行干燥处理，使木材的含水率与使用环境常年平均含水率相一致。

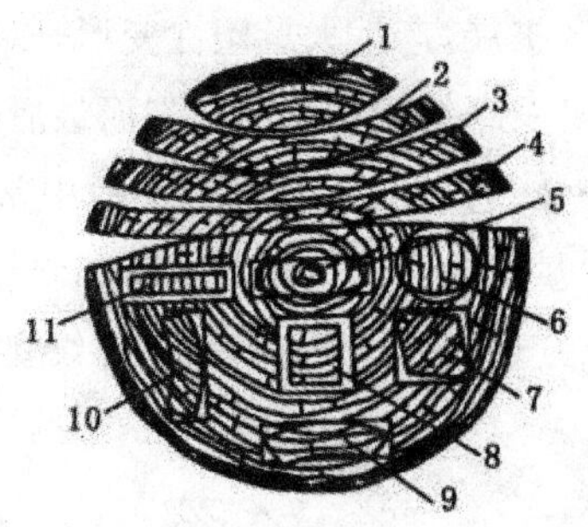

图 5—3　木材的干缩变形

1—边板呈橄榄核形；2、3、4—弦锯板呈瓦形反翘；5—通过髓心的径锯板呈纺锤形；6—圆形变椭圆形；7—与年轮成对角线的正方形变菱形；8—两边与年轮平行的正方形变长方形；9—弦锯板翘曲成瓦形；10—与年轮成 40°角的长方形呈不规则翘曲；11—边材径锯板收缩较均匀

3. 力学性质

(1)木材的强度。

木材的强度按受力状态分为抗拉、抗压、抗弯和抗剪四种强度。其中抗拉、抗压、抗剪强度又有顺纹和横纹之分。顺纹是指作用力方向与木材纤维方向平行，横纹是指作用力方向与木材纤维方向垂直。

①抗压强度。顺纹受压破坏是木材细胞壁丧失稳定性的结果，并非纤维的断裂。木材的顺纹抗压强度较高，仅次于顺纹抗拉和抗弯强度，且木材的疵病对其影响较小。工程中常用柱、桩、斜撑及桁架等构件均为顺纹受压。

木材横纹受压时，开始细胞壁产生弹性变形，变形与外力成正比。当超过比例极限时，细胞壁失去稳定，细胞腔被压扁，随即产生大量变形。木材横纹抗压强度比顺纹抗压强度低得多，通常只有其顺纹抗压强度的 10％～20％。

②抗拉强度。木材的顺纹抗拉强度是木材各种力学强度中最高的。顺纹受拉破坏时往往不是纤维被拉断而是纤维间被撕裂。木材的疵病如木节、斜纹、裂缝等都会使顺纹抗拉强度显著降低。同时，木材受拉杆件连接处应力复杂，使顺纹抗拉强度难以被充分利用。

木材的横纹抗拉强度很小，仅为顺纹抗拉强度的 1/40～1/10，因为木材纤维之间的横向连接薄弱，工程中一般不使用。

③抗弯强度。木材受弯曲时会产生压、拉、剪等复杂的内部应力。受弯构件上部是顺纹抗压，下部是顺纹抗拉，而在水平面中则有剪切力。木材受弯破坏时，通常在受压区首先达到强度极限，开始形成微小的不明显的皱纹，但不会立即破坏，随着

外力增大，皱纹慢慢在受压区扩展，产生大量塑性变形，以后当受拉区内许多纤维达到强度极限时，则因纤维本身及纤维间联结的断裂而最后破坏。木材的抗弯强度很高，为顺纹抗压强度的1.5～2.0倍，因此在建筑工程中常用作桁架、梁、桥梁、地板等。用于抗弯的木构件应尽量避免在受弯区有木节和斜纹等缺陷。

④抗剪强度。木材的剪切分为顺纹剪切、横纹剪切和横纹剪断三种，如图5－4所示。

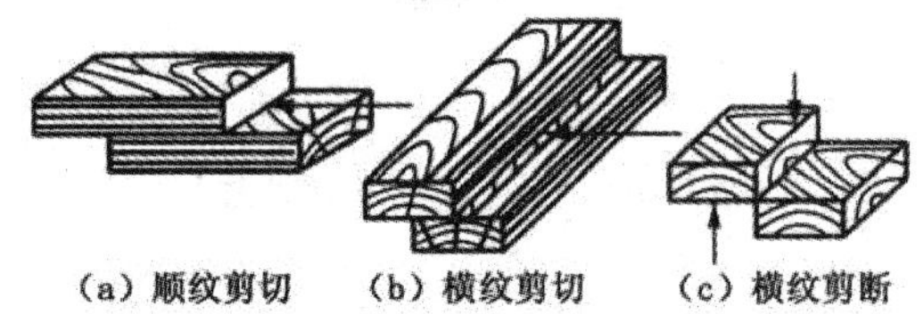

图5－4　木材的剪切

顺纹剪切是破坏剪切面中纤维间的连接，绝大部分纤维本身并不发生破坏，所以木材的顺纹抗剪强度很小。

横纹剪切是剪切面中纤维的横向连接被撕裂，因此木材的横纹剪切强度比顺纹剪切强度还要低。

横纹切断破坏是将木纤维切断，因此强度较大，一般为顺纹剪切强度的4～5倍。

木材是非匀质的各向异性材料，所以各向强度差异很大。木材各种强度的关系见表5－1，建筑工程上常用木材的主要物理力学性质见表5－2。

表5－1　木材各种强度之间的关系

抗拉		抗压		抗剪		抗弯曲
顺纹	横纹	顺纹	横纹	顺纹	横纹	
2～3	1/20～1/3	1	1/10～1/3	1/7～1/3	1/2～1	1.5～2.0

表5－2　主要树种的物理力学性质

树种品名	树种别名	产地	气干表观密度/(kg/m³)	顺纹抗压/MPa	顺纹抗拉/MPa	顺纹抗剪/MPa		弯曲(弦向)	
						径面	弦面	强度/MPa	弹性模量/(x100 MPa)
红松	海松、果松	东北	440	32.8	98.1	6.3	6.9	65.3	99
长白落叶松	黄花落叶松	东北	594	52.2	122.6	8.8	7.1	99.3	126
鱼鳞云杉	鱼鳞杉	东北	451	42.4	100.9	6.2	6.5	75.1	106
马尾松		安徽	533	41.9	99.0	7.3	7.1	80.7	105
杉木	西湖木	湖南	371	38.8	77.2	4.2	4.9	63.8	95

续表

树种品名	树种别名	产地	气干表观密度/(kg/m^3)	顺纹抗压/MPa	顺纹抗拉/MPa	顺纹抗剪/MPa		弯曲(弦向)	
						径面	弦面	强度/MPa	弹性模量/(x100 MPa)
柏木	柏香树、香扁树	湖北四川	600581	54.345.1	117.1117.8	9.69.4	11.112.2	100.598.0	101113
水曲柳	渠柳、秦皮	东北	686	52.5	138.7	11.2	10.5	118.6	145
山杨	明杨	东北	486	34.0	107.4	6.4	8.1	71.0	95
大叶榆	杨木	陕西	486	42.1	107.0	9.5	7.3	79.6	116
裂叶榆	青榆	东北	548	37.1	116.4	7.5	8.2	81.0	92

⑤影响木材强度的主要因素。

a.木材纤维组织。木材受力时,主要是靠细胞壁承受外力,细胞壁越厚,纤维组织越密实,强度就越高。当夏材含量越高,木材强度越高,因为夏材比春材的结构密实、坚硬。

b.含水量。木材的强度随其含水量变化而异。含水量在纤维饱和点以上变化时,木材强度不变;在纤维饱和点以下时,随含水量降低,即吸附水减少,细胞壁趋于紧密,木材强度增大,反之强度减小。实验证明,木材含水量的变化对木材各种强度的影响是不同的,对抗弯和顺纹抗压影响较大,对顺纹抗剪影响较小,而对顺纹抗拉几乎没有影响,如图 5－5 所示。故此对木材各种强度的评价必须在统一的含水率下进行,目前采用的标准含水率为 12%。

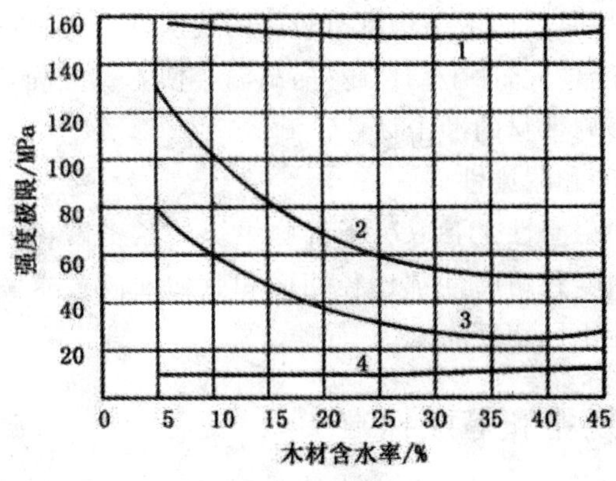

图 5－5 含水量对木材强度的影响

1—顺纹抗拉;2—弯曲;3—顺纹抗压;4—顺纹抗剪

c. 温度。木材的强度随环境温度升高而降低，因为高温会使木材纤维中的胶结物质处于软化状态。当木材长期处于 40～60 ℃的环境中，木材会发生缓慢的炭化。当温度在 100℃以上时，木材中部分组成会分解、挥发，木材颜色变黑，强度明显下降。因此如果环境温度可能长期超过 50℃时，不应采用木结构。

d. 负荷时间。木材的长期承载能力低于暂时承载能力。木材在外力长期作用下，只有当其应力远低于强度极限的某一范围以下时，才可避免木材因长期负荷而破坏。这是因为木材在外力作用下产生等速蠕滑，经过长时间以后，急剧产生大量连续变形的结果。

木材在长期荷载作用下不致引起破坏的最大强度，称为持久强度。木材的持久强度比极限强度小得多，一般为极限强度的 50％～60％。一切木结构都处于某一种负荷的长期作用下，因此在设计木结构时，应考虑负荷时间对木材强度的影响。

e. 疵病。木材在生长、采伐、保存过程中，所产生的内部或外部的缺陷，统称为疵病。木材的疵病包括天然生长的缺陷（如木节、斜纹、裂纹、腐朽、虫害等）和加工后产生的缺陷（如裂缝、翘曲等）。一般木材或多或少都存在一些疵病，使木材的物理力学性能受到影响。

木节使木材顺纹抗拉强度显著降低，对顺纹抗压强度影响较小。在木材受横纹抗压和剪切时，木节反而增加其强度。斜纹表现为木纤维与树轴成一定夹角，斜纹木材严重降低其顺纹抗拉强度，抗弯次之，对顺纹抗压影响较小。裂纹、腐朽、虫害等疵病会造成木材构造的不连续性或破坏其组织，因此严重地影响木材的力学性质，有时甚至能使木材完全失去使用价值。

完全消除木材的各种缺陷是不可能的，也是不经济的。应当根据木材的使用要求，正确地选用，减少各种缺陷所带来的影响。

（2）木材的韧性。

木材的韧性较好，因而木结构具有较好的抗震性。木材的韧性受到很多因素影响，如木材的密度越大，冲击韧性越好；高温会使木材变脆，韧性降低；任何缺陷的存在都会严重影响木材的冲击韧性。

（3）木材的硬度和耐磨性。

木材的硬度和耐磨性主要取决于细胞组织的紧密度，各个截面上相差显著。木材横截面上的硬度和耐磨性都比径切面和弦切面高。木髓线发达的木材弦切面的硬度和耐磨性比径切面高。

二、木材的规格和等级标准

我国木材供应的形式主要有原条、原木和板枋三种。根据不同的用途，要求木材采用不同的形式。

原条是指除去皮、根、树梢的木材，但尚未按一定尺寸加工成规定直径和长度的材料。主要用途：建筑工程的脚手架、建筑用材、家具等。

原木是指除去皮、根、树梢的木材，并已按一定尺寸加工成规定直径和长度的材料。主要用途：直接使用的原木，如屋架、檩、椽、桩木、电杆、坑木等；加工原木，如用于胶合板、造船、车辆、机械模型及一般加工用材等。

板枋是指原木经锯解加工而成的木材，宽度为厚度的 3 倍或 3 倍以上的称为板材，不足 3 倍的称为枋材。主要用途：桥梁、家具、造船、车辆、包装箱板等；铁道工程。

各种木材的规格见表 5－3。

表 5－3　常用建筑木材规则

分类名称			规格
原条			小头直径＞60 mm，长度＞5 m(根部锯口到梢头直径 60 mm 处)
原木			小头直径≥40 mm，长度 2～10 m
板枋	板材	薄板	厚度≤18 mm
		中板	厚度 19～35 mm
		厚板	厚度 35～65 mm
		特厚板	厚度≥66 mm
	枋材	小枋	宽×厚≤54 mm^2
		中枋	宽×厚 55～100 mm^2
		大植	宽×厚 101～225 mm^2
		特大枋	宽×厚≥226 mm^2

按承重结构的受力情况和缺陷的多少，对承重结构木构件材质等级分成三级，见表 5－4。设计时应根据构件受力种类选用适当等级的木材。

表 5－4　承重木结构板材等级标准

缺陷名称	木材等级		
	Ⅰ等材	Ⅱ等材	Ⅲ等材
	受拉构件或拉弯构件	受弯构件或压弯构件	受压构件
腐朽	不允许	不允许	不允许
木节：在构件任一面任何 15cm 长度上所有木节尺寸总和不得大于所在面宽的	1/4(连接部位为 1/5)	1/3	2/5
斜纹：斜率不大于/%	5	8	12
裂缝：连接部位的受剪面及其附近	不允许	不允许	不允许
髓心	不允许	不允许	不允许

三、木材的应用

木材是传统的建筑材料，我国许多古建筑物均为木结构，它们在建筑技术和艺术上均有很高的水平，并具有独特的风格。尽管现在已经研发生产了许多种新型建筑材料，但由于木材具有其独特的优点，特别是木材具有美丽的天然纹理，是其他装饰材料无法比拟的，所以木材在建筑工程尤其是装饰领域中始终保持着重要的地位。

(一)木材在建筑中的应用

在结构上木材主要用于构架和屋顶，如梁、柱、桁檩、望板、斗拱、椽等。木材表面经加工后，被广泛应用于房屋的门窗、地板、墙裙、天花板、扶手、栏杆、隔断等。另外，木材在建筑工程中还常用作混凝土模板及木桩等。

(二)木材的防腐与防火

木材最大的缺点是易腐和易燃，因此木材在加工与应用时，必须考虑木材的防腐和防火问题。

1. 木材的腐朽

木材是天然有机材料，易受真菌侵害而腐朽。侵蚀木材的真菌主要有三种：变色菌、霉菌和腐朽菌。其中变色菌和霉菌对木材的危害较小，而腐朽菌寄生在木材的细胞壁中，它能分泌出一种酵素，把细胞壁物质分解成简单的养料，供自身在木材中生长繁殖，从而使木材产生腐朽，并逐渐破坏。真菌在木材中生存和繁殖，必须同时具备三个条件。

(1)水分。

木材的含水率在20%～30%时最适宜真菌繁殖生存，若低于20%或高于纤维饱和点，不利于腐朽菌的生长。

(2)空气。

真菌生存和繁殖需要氧气，所以完全浸入水中或深埋在泥土中的木材则因缺氧而不易腐朽。

(3)温度。

一般真菌生长的最适宜温度为25～30℃。当温度低于5℃时，真菌停止繁殖；而高于60℃时，真菌不能生存。

2. 木材的防腐

根据木材产生腐朽的原因，防止木材腐朽的措施主要有以下两种。

(1)对木材进行干燥处理。

木材加工使用之前,为提高木材的耐久性,必须进行干燥,将其含水率降至20%以下。木制品和木结构在使用和储存中必须注意通风、排湿,使其经常处于干燥状态。对木结构和木制品表面进行油漆处理,油漆涂层既使木材隔绝了空气和水分,又增添了美观。

(2)对木材进行防腐剂处理。

用化学防腐剂对木材进行处理,使木材变为有毒的物质而使真菌无法寄生。木材防腐剂种类很多,一般分为水溶性、油质和膏状三类。水溶性防腐剂主要用于室内木结构的防腐处理;油质防腐剂毒杀伤效力强,毒性持久,有刺激性臭味,处理后木材变黑,常用于室外、地下或水下木构件,如枕木、木桩等;膏状防腐剂由粉状防腐剂、油质防腐剂,填料和胶结料(煤沥青、水玻璃等)按一定比例配制而成,用于室外木结构防腐。

对木材进行防腐处理的方法很多,主要有涂刷或喷涂法、压力渗透法、常压浸渍法、冷热槽浸透法等。其中表面涂刷或喷涂法简单易行,但防腐剂不能渗入木材内部,故防腐效果较差。

3.木材的防火

木材的防火是指用具有阻燃性能的化学物质对木材进行处理,经处理后的木材变成不易燃的材料,以达到遇小火能自熄,遇大火能延缓或阻止燃烧蔓延,从而赢得补救时间的目的。

(1)木材燃烧机理。

木材在热的作用下发生热分解反应,随着温度升高,热分解加快,当温度升高至220℃以上达木材燃点时,木材燃烧放出大量可燃气体,这些可燃气体中有着大量高能量的活化基,活化基氧化燃烧后继续放出新的活化基,如此形成一种燃烧链反应,于是火焰在链状反应中得到迅速传播,使火越烧越旺,此称气相燃烧。当温度达450℃以上时,木材形成固相燃烧。在实际火灾中,木材燃烧温度可达800～1 300℃。

(2)阻止和延缓木材燃烧的措施。

①抑制木材在高温下的热分解。

某些含磷化合物能降低木材的热稳定性,使其在较低温度下即发生分解,从而减少可燃气体的生成,抑制气相燃烧。

②阻止热传递。

一些盐类,特别是含有结晶水的盐类,具有阻燃作用。例如含结晶水的硼化物、氢氧化钙、含水氧化铝和氢氧化镁等,遇热后则吸收热量而放出蒸汽,从而减少了热量传递。磷酸盐遇热缩聚成强酸,使木材迅速脱水炭化,而木炭的导热系数仅为木材的1/3~1/2,从而有效抑制了热的传递。同时,磷酸盐在高温下形成玻璃状液体物质覆盖在木材表面,也起到隔热层的作用。

③增加隔氧作用。

稀释木材燃烧面周围空气中的氧气和热分解产生的可燃气体,增加隔氧作用。如采用含结晶水的硼化物和含水氧化铝等,遇热放出水蒸气,能稀释氧气及可燃气体的浓度,从而抑制木材的气相燃烧。而磷酸盐和硼化物等在高温下形成玻璃状覆盖层,则阻止了木材的固相燃烧。另外,卤化物遇热分解生成的卤化氢能稀释可燃气体,卤化氢还可与活化基作用而切断燃烧链,阻止气相燃烧。

一般情况下,木材阻燃措施不单独采用,而是多种措施并用,亦即在配制木材阻燃剂时,通常选用两种以上的成分复合使用,使其互相补充,增强阻燃效果,以达到一种阻燃剂可同时具有几种阻燃作用。

(3)木材防火处理方法。

木材防火处理方法有表面涂敷法和溶液浸注法。

①表面涂敷法。

在木材表面涂敷防火涂料,即防火又具有防腐和装饰作用。木材防火涂料分为溶剂型防火涂料和水乳型防火涂料两类。其主要品种、特性和用途见表5-5。

表5-5　木材防火涂料主要品种、特性及应用

品种		防火特征	应用
溶剂型防火涂料	A60-1型改性氨基膨胀防火涂料	遇火生成均匀致密的海绵状泡沫隔热层,防止初期火灾和减缓火灾蔓延扩大	高层建筑、商店、影剧院、地下工程等可燃部位防火
	A60-501膨胀防火涂料	涂层遇火体积迅速膨胀100倍以上,形成连续蜂窝状隔热层,释放出阻燃气体,具有优异的阻燃隔热效果	广泛用于木板、纤维板、胶合板等的防火保护
	A60-KG型快干氨基膨胀防火涂料	遇火膨胀生成均匀致密的泡沫状炭质隔热层,有极其良好的阻燃隔热效果	公共建筑、高层建筑、地下建筑等有防火要求的场所
	AE60-1膨胀型透明防火涂料	涂膜透明光亮,能显示基材原有纹理,遇火时涂膜膨胀发泡,形成防火隔热层。既有装饰性,又有防火性	广泛用于各种建筑室内的木质、纤维板、胶合板等结构构件及家具的防火保护和装饰

续表

品种		防火特征	应用
水乳型防火涂料	B60－1 膨胀型丙烯酸水性防火涂料	在火焰和高温作用下，涂层受热分解出大量灭火性气体，抑制燃烧。同时，涂层膨胀发泡，形成隔热覆盖层，阻止火势蔓延	公共建筑、高级宾馆、酒店、学校、医院、影剧院、商场等建筑物的木板、纤维板、胶合板结构构件及制品的表面防火保护
	B60－2 木结构防火涂料	遇火时涂层发生理化反应，构成绝热的炭化泡膜	建筑物木墙、木屋架、木吊顶以及纤维板、胶合板构件的表面防火阻燃处理
	B878 膨胀型丙烯酸乳胶防火涂料	涂膜遇火立即生成均匀致密的蜂窝状隔热层，延缓火焰的蔓延，无毒无臭，不污染环境	学校、影剧院、宾馆、商场等公共建筑和民用住宅等内部可燃性基材的防火保护及装饰

②溶液浸注法。

溶液浸注法分为常压浸注和加压浸注两种，后者阻燃剂吸入量及透入深度均大大高于前者。浸注处理前，要求木材必须达到充分气干，并经初步加工成型，以免防火处理后进行大量锯、刨等加工，使木料中具有阻燃剂的部分被除去。

第二节　墙面涂料的检测与应用

一、墙面涂料概述

(一)墙面涂料的定义

墙面涂料是指用于建筑墙面，使建筑墙面美观整洁，同时也能够起到保护建筑墙面，延长其使用寿命的材料。墙面涂料按建筑墙面分类包括内墙涂料和外墙涂料两大部分。内墙涂料注重装饰和环保，外墙涂料注重防护和耐久。

(二)墙面涂料的性质

1. 干燥性

干燥性常表现为干燥时间。涂料从液体层变成固态涂膜所需时间称为干燥时间，根据干燥程度的不同，又可分为表干时间、实干时间和完全干燥时间三项。每一种涂料都有其一定的干燥时间，但实际干燥过程的长短还要受气候条件、环境湿度等因素的影响。

2. 流平性

流平性是指涂料被涂于基层表面后能自动流展成平滑表面的性能。流平性好的涂料在干燥后不会在涂膜上留下刷痕，这对于罩面层涂料来讲是很重要的。

3. 遮盖力

遮盖力是指有色涂料所成涂膜遮盖被涂表面底色的能力。遮盖力的大小与涂料中所用颜料的种类、颜料颗粒的大小和颜料在涂料中分散程度等有关。涂料的遮盖力越大，则在同等条件下的涂装面积也越大。

4. 附着力

附着力是指涂料涂膜与被涂饰物体表面间的黏附能力。附着强度的产生是由于涂料中的聚合物与被涂表面间极性基团的相互作用。因此，一切有碍这种极性结合的因素都将使附着力下降。

5. 硬度

硬度是指涂膜耐刻、划、刮、磨等的能力大小，它是表示涂膜力学强度的重要性能之一。一般来说，有光涂料比各种平光涂料的硬度高，而各种双组分涂料的硬度更高。

二、外墙涂料的检测与应用

（一）外墙涂料的特点

外墙涂料是施涂于建筑物外立面或构筑物的涂料。外墙涂料长期暴露在外界环境中，须经受日晒雨淋、冻融交替、干湿变化、有害物质侵蚀和空气污染等。为了获得良好的装饰与保护效果，外墙涂料应具备以下特点。

1. 装饰性好

要求外墙涂料色彩丰富且保色性优良，能较长时间保持原有的装饰性能。

2. 耐候性好

外墙涂料因涂层暴露于大气中，要经受风吹、日晒、盐雾腐蚀、雨淋、冷热变化等作用，在这些外界自然环境的长期反复作用下，涂层易发生开裂、粉化、剥落、变色等现象，使涂层失去原有的装饰保护功能。因此，要求外墙涂料有较好的耐候性，在规定的使用年限内，涂层应不发生上述破坏现象。

3. 耐水性好

外墙涂料饰面暴露在大气中，会经常受到雨水的冲刷。因此，外墙涂料涂层应具有较好的耐水性。某些防水型外墙涂料，其抗水性能更佳，当基层墙发生小裂缝时，涂层仍有防水的功能。

4. 耐沾污性好

大气中灰尘及其他悬浮物质会沾污涂层失去原有的装饰效果，从而影响建筑物外貌。因此，外墙涂料应具有较好的耐沾污性，使涂层不易被污染或污染后容易清洗掉。

5. 耐霉变性好

外墙涂料饰面在潮湿环境中易长霉。因此，要求涂膜抑制霉菌和藻类繁殖生长。

6. 施工及维修容易

一般建筑物外墙面积很大，要求外墙涂料施工操作简便。为了保持涂层良好的装饰效果，要求重涂施工容易。

另外，根据设计功能要求不同，对外墙涂料也提出了更高要求。如在各种外墙外应用保温系统涂层，要求外墙涂层具有较好的弹性延伸率，以更好地适应由于基层的变形而出现面层开裂，对基层的细小裂缝具有遮盖作用；对于仿铝塑板装饰效果的外墙涂料还应具有更好金属质感、超长的户外耐久性等。

(二)外墙涂料的分类

外墙涂料按照装饰质感分为四类。

1.薄质外墙涂料

大部分彩色丙烯酸有光乳胶漆，均系薄质涂料。它是有机高分子材料为主要成膜物质，加上不同的颜料、填料和骨料而制成的薄涂料。其特点是耐水、耐酸、耐碱、抗冻融等特点。

使用注意事项：施工后 4～8 h 避免雨淋，预计有雨则停止施工；风力在 4 级以上时不宜施工；气温在 5 ℃以上方可施工；施工器具不能沾上水泥、石灰等。

2.复层花纹涂料

复层花纹类外墙涂料是以丙烯酸酯乳液和高分子材料为主要成膜物质的有骨料的新型建筑涂料。分为底釉涂料、骨架涂料、面釉涂料三种。底釉涂料起对底材表面进行封闭的作用，同时增加骨料和基材之间的结合力。骨架材料是涂料特有的一层成型层，是主要构成部分，它增加了喷塑涂层的耐久性、耐水性及强度。面釉材料是喷塑涂层的表面层，其内加入各种耐晒彩色颜料，使其面层带柔和的色彩。面釉材料起美化喷塑深层和增加耐久性的作用。其耐候能力好；对墙面有很好的渗透作用，结合牢固；使用不受温度限制，零度以下也可施工；施工方便，可采用多种喷涂工艺；可以按照要求配置成各种颜色。

3.彩砂涂料

彩砂涂料是以丙烯酸共聚乳液为胶黏剂，由高温燃结的彩色陶瓷粒或以天然带色的石屑作为骨料，外加添加剂等多种助剂配置而成。

该涂料无毒，无溶剂污染，快干，不燃，耐强光，不褪色，耐污染性能好。利用骨料的不同组配可以使深层色彩形成不同层次，取得类似天然石材的丰富色彩的质感。彩砂涂料的品种有单色和复色两种。彩砂涂料主要用于各种板材及水泥砂浆抹面的外墙面装饰。

4.厚质涂料

厚质类外墙涂料是指丙烯酸凹凸乳胶底漆，它是以有机高分子材料苯乙烯、丙烯酸、乳胶液为主要成膜物质，加上不同的颜料、填料和骨料而制成的厚涂料。特点是耐水性好、耐碱性、耐污染、耐候性好，施工维修容易。

(三)外墙涂料的选用

外墙涂料的选用见表5－6。

表5－6　外墙涂料选用

技术与产品类别	性能指标	优选	推荐	限制	淘汰	备注
丙烯酸共聚乳液薄质外墙涂料(含苯丙、纯丙烯酸乳液外墙涂料)	应符合现行GB/T 7955－2010优等品的要求	√				适用于住宅、公共建筑、工业建筑和构筑物的各类装修工程
	应符合现行GB/T 7955－2010的要求		√			
有机硅丙烯酸乳液薄质外墙乳胶涂料	应符合现行GB/T 7955－2010优等品的要求	√				适用于住宅、公共建筑、工业建筑和构筑物的各类装修工程
	应符合现行GB/T 7955－2010的要求		√			
水性聚氨酯外墙涂料	应符合现行GB/T 7955－2010的要求		√			适用于住宅、公共建筑、工业建筑和构筑物的各类装修工程
丙烯酸共聚乳液厚质外墙涂料(含复层、砂壁状等外墙涂料)	应符合现行GB/T 7955－2010或JG/T 24－2000的要求		√			适用于住宅、公共建筑、工业建筑的各类装修工程
	应符合现行GB/T 7955－2010优等品的要求	√				
溶剂型有机硅改性丙烯酸树脂外墙涂料						适用于高层住宅、公共建筑、工业建筑和构筑物中抗沾污性要求高的各类装修工程
溶剂型丙烯酸外墙涂料(低毒性溶剂)	应符合现行GB/T 7955－2010优等品的要求		√			适用于高层住宅、公共建筑、工业建筑和构筑物的各类装修工程
溶剂型丙烯酸聚氨酯外墙涂料	应符合现行GB/T 7955－2010优等品的要求	√	√			适用于高层住宅、公共建筑、工业建筑和构筑物的各类装修工程

三、内墙涂料的检测与应用

(一)内墙涂料的特点

内墙涂料主要的功能是装饰和保护室内墙面,使其美观整洁,让人们处于愉悦的居住环境中。内墙涂料使用环境条件比外墙涂料好,因此在耐候性、耐水性、耐沾污性和涂膜耐温变性等方面要求较外墙涂料要低,但内墙涂料在环保性方面要求往往比外墙涂料高。为了获得良好的装饰与保护效果,内墙涂料应具备以下特点。

1. 色彩丰富,质地优良

内墙的装饰效果主要由质感、线条和色彩三个因素构成。采用涂料装饰则色彩为主要因素。内墙涂料的颜色一般应浅淡、明亮,由于众多的居住者对颜色的喜爱不同,因此建筑内墙涂料的色彩要求品种丰富。内墙涂层与人们的距离比外墙涂层近,因而要求内墙装饰涂层质地平滑、细洁,色彩调和。

2. 耐碱性、耐水性、耐粉化性良好

由于墙面基层常带有碱性,因而涂料的耐碱性应良好。室内湿度一般比室外高,同时为清洁内墙,涂层常要与水接触,因此,要求涂料具有一定的耐水性及耐刷洗性。脱粉型的内墙涂料是不可取的,它会给居住着带来极大的不适感。

3. 透气性良好

室内常有水汽,透气性不好的墙面材料易结露、挂水,使人们居住有不舒服感,因而透气性良好的材料配置内墙涂料是可取的。

4. 涂刷方便,重涂容易。

人们为了保持优雅的居住环境,内墙面翻修的次数较多,因此要求内墙涂料涂刷施工方便、维修重涂容易。

(二)内墙涂料的分类

1. 合成树脂乳液内墙涂料(内墙乳胶漆)

合成树脂乳液内墙涂料(内墙乳胶漆)是以合成树脂乳液为基料加入颜料、填料及各种助剂配制而成的一类水性涂料。内墙乳胶漆的主要特点是以水为分散介质,因而安全无毒,不污染环境,属环境友好型涂料。

2. 水溶性内墙涂料

水溶性内墙涂料是以水溶性聚合物为基料,加入一定量的颜料、填料、助剂和水,经研磨、分散后制成的,如聚乙烯醇水玻璃内墙涂料、聚乙烯醇缩甲醇内墙涂料和仿瓷内墙涂料等都是水溶性内墙涂料。

3. 多彩内墙涂料

多彩内墙涂料是一种两相分散体系,其中一相是涂料,称为分散相,另一相为分散介质。它最突出的特点是一次喷涂即可达到多彩效果,但它含有有机溶剂,对环境是有污染的。

内墙涂料的品种较多,除上述三大类外,还有质感内墙涂料、马来漆、溶剂型内墙涂料、梦幻内墙涂料、纤维质内墙涂料等。

(三)内墙涂料的选用

内墙涂料的选用见表 5—7。

表 5—7　内墙涂料选用

技术与产品类别	性能指标	优选	推荐	限制	淘汰	备注
丙烯酸共聚乳液系列内墙涂料(纯丙、苯丙、醋丙等乳液涂料)	除符合现行 CB/T 9756—2018 优等品的要求外,还应符合 HJBZ 4—1999 环境标志产品技术要求(水性涂料)	√				适用于住宅、工业建筑和公共建筑装修工程
	应符合现行 GB/T 9756—2018 的要求		√			
乙烯—醋酸乙烯共聚乳液系列内墙涂料(含醋酸乙烯乳液涂料)	应符合现行 GB/T 9756—2018 的要求		√			适用于住宅装修工程(普通内墙装修)
	参照执行现行 JC/T 423—1991			√		
水溶性树脂涂料						不允许用于住宅、公共建筑和工业建筑的高级装修工程

第三节　装饰板材的检测与应用

随着建筑结构体系的改革、墙体材料的发展，各种墙用板材、轻质墙板迅速兴起，以板材为围护墙体的建筑体系具有轻质、节能、施工便捷、开间布置灵活、节约空间等特点，具有很好的发展前景。

一、玻璃钢装饰板材的检测与应用

玻璃纤维增强塑料（Glass fiber reinforced Plastics，GRP，又称玻璃钢）是以不饱和聚酯树脂、环氧树脂、酚醛树脂、有机硅等为基体，以熔融的玻璃液拉制成的细丝——玻璃纤维及其制品（玻璃布、带和毡等）为增强体制成的复合材料。

（一）玻璃钢的特点

第一，玻璃钢的性能主要取决于合成树脂和玻璃纤维的性能，即取决于它们的相对含量以及它们间的黏结力。合成树脂和玻璃纤维的强度越高，特别是玻璃纤维的强度越高，则玻璃钢的强度越高。

第二，玻璃钢属于各向异性材料，其强度与玻璃纤维密切相关，以纤维方向的强度最高，玻璃布层与层之间的强度最低。

第三，玻璃钢制品具有基材和加强材的双重特性，具有良好的透光性和装饰性，可制成色彩绚丽的透光或不透光构件或饰件。

第四，成型性好、制作工艺简单，可制成复杂的构件，也可以现场制作。

第五，强度高（可超过普通碳素钢）、重量轻（密度仅为钢的 1/5～1/4），是典型的轻质高强材料，可以在满足设计要求的条件下，大大减轻建筑物的自重。

第六，具有良好的耐化学腐蚀性和电绝缘性；耐湿、防潮，可用于有耐湿要求的建筑物的某些部位。

（二）玻璃钢的规格

玻璃钢的规格见表 5－8。

表 5－8　玻璃钢装饰板规格及花色

规格尺寸/mm	花色
1700×920、700×500	粗、细木纹，有米黄、深黄等色石纹、花纹图案
1850×850	木纹、石纹、花纹，各种颜色
2000×850	木纹、石纹、花纹，各种颜色
1700×850	木纹、石纹、花纹，各种颜色
1850×850	木纹、石纹、花纹，各种颜色
1800×850	木纹、石纹、花纹，各种颜色
(1000～850)×(100～200)	木纹、石纹、花纹，各种颜色
1000×900、1500×900、1800×900、2000×900	各种花色
150×150、500×500	人造大理石贴面
1970×970	各种花色
500×500	各种花色

(三)玻璃钢的应用

主要用作装饰材料、屋面及围护材料、防水材料、采光材料、排水管等。同时玻璃钢还可与钢结构结合，制成公园中的山景。

二、建筑钢制装饰板材的检测与应用

(一)不锈钢及其制品

普通钢材易锈蚀，每年大量钢材遭锈蚀损坏。而不锈钢装饰是近期较流行的一种建筑装饰方法。不锈钢制品是以铬为主要合金元素的合金钢，铬含量越高，钢的耐腐蚀性就越好。这是因为铬合金元素的性质比铁元素活泼，它与环境中的氧结合，生成一层与钢基体牢固结合而又致密的氧化膜层——钝化膜。钝化膜可以很好地保护合金钢不被腐蚀。为改善不锈钢的强度、塑性、韧性和耐腐蚀性等，通常在不锈钢中加入镍、锰、钛等元素。

不锈钢饰件具有金属光泽和质感，装饰板表面光洁度高，具有镜面般的效果，同时具有强度高、硬度大、维修简单、易于清理等特点。

建筑装饰用不锈钢制品主要是薄钢板，常用的产品有不锈钢镜面板、不锈钢刻花板、不锈钢花纹板、彩色不锈钢板等。其中厚度小于 1 毫米的薄钢板用得最多，常用来做包柱装饰。不锈钢包柱就是将不锈钢进行技术和艺术处理后广泛用于建筑柱面的一种装饰，其主要工艺过程包括混凝土柱面修整和不锈钢板的安装、定位、焊接、打磨修光等。它通过不锈钢的高反射性和金属质地的强烈时代感，从而起到点缀、烘托、强化的作用，广泛用于大型商店、宾馆的入口、门厅和中庭等处，可取得与周围环境中的各种色彩、景物交相辉映的效果，同时在灯光的配合下，还可形成晶莹明亮的高光部分。

在不锈钢钢板上用化学镀膜、化学浸渍的方法对普通不锈钢板进行表面处理，可制得各种颜色的彩色不锈钢制品，如蓝、灰、紫、红、青、绿、金黄、橙、茶色等，其色泽能随着光照角度改变而产生变幻的色调，主要适用于各类高档装饰领域，如高级建筑物的电梯厢板、厅堂墙板、顶棚、柱等处，也可作车厢板、扶梯侧帮、建筑物装潢和招牌。采用彩色不锈钢板装饰墙面，不仅坚固耐用，美观新颖，而且有很强的时代感。

不锈钢包覆钢板是在普通钢板的表面包覆不锈钢而成，不仅可节省价格昂贵的不锈钢，而且具有更好的可加工性，使用效果和应用领域同不锈钢板。彩色不锈钢板的规格见表5—9。

表5—9　彩色不锈钢板的规格

厚度/mm	0.2	0.3	0.4	0.5	0.6	0.7	0.8
长×宽/mm	2 000×1000，1 000×500，可根据用户需要规格尺寸加工						

（二）彩色涂层钢板

彩色涂层钢板是以冷轧板或镀锌钢板为基板，采用表面化学处理和涂漆等工艺处理方法，使基板表面覆盖一层或多层高性能的涂层制作成的产品。钢板的涂层可分为有机涂层、无机涂层和复合涂层，它一方面起到保护金属的作用，另一方面又可起到装饰作用。有机涂层可以加工成各种不同色彩和花纹，所以又常被称为彩色钢板或彩板。彩色涂层钢板最大特点是同时利用金属材料和有机材料的各自特性，例如金属板材具有较好的可加工性和延性，有机涂层附着力强、色泽鲜艳不变色，具有良好的装饰性能、防腐蚀性能、耐污染性能、耐热耐低温性能以及可加工性能，丰富的颜色和图案等。彩色涂层钢板是近年来发展较快的一种装饰板材，常用于建筑外墙板、屋面板和护壁板系统等。另外，还可以做防水渗透板、排气管、通风管道、耐腐油管道和电气设备罩等。

其主要技术性质包括涂层厚度、涂层光泽度、硬度、弯曲、反向冲击、耐盐雾等，应满足《彩色涂层钢板及钢带》GB/T 12754—2006的有关规定要求。

(三)建筑用压型钢板

将薄钢板经辐压、冷弯,截面呈V形、U形、梯形等形状的波形钢板,称为压型钢板(俗称彩钢板)。压型钢板具有质量轻、色彩鲜艳丰富、造型美观、耐久性好、加工方便、施工方便等特点,广泛用于工业、公用、民用建筑物的内外墙面、屋面、吊顶装饰和轻质夹芯板材的面板等。例如金属面聚苯乙烯夹芯板就是以阻燃型聚苯乙烯泡沫塑料作芯材,以彩色涂层钢板为面材,用黏结剂复合而成金属夹芯板。

(四)塑料复合板

塑料复合板是在Q215和Q235钢板上覆以0.2～0.4 mm的半硬质聚氯乙烯薄膜而成。它具有良好的绝缘性、耐磨性、抗冲击性和可加工性等,可在其表面绘制图案和艺术条纹,主要用于地板、门板和天花板等。

三、铝合金装饰板材的检测与应用

(一)铝的特性

铝为银白色轻金属,强度低,但塑性好,导热、电热性能强。其化学性质很活跃,在空气中易和空气反应,在表面生成一层氧化铝薄膜,可阻止铝继续被腐蚀。其缺点是弹性模量低、热膨胀系数大、不易焊接、价格较高。

铝具有良好的可塑性,可加工成管材、板材、薄壁空腹型材,还可以压延成极薄的铝箔,并具有极高的光、热反射比,但铝的强度和硬度较低,不能作为结构材料使用。

(二)铝合金的特性与分类

铝的强度很低,为了提高铝的实用价值,在纯铝中加入铜、镁、锭、锌、硅、铬等合金元素可制成铝合金。铝合金有防锈铝合金、硬铝合金、超硬铝合金、锻铝合金、铸铝合金。铝加入合金元素既保持了铝质量轻、耐腐蚀、易加工的特点,同时也提高了力学性能,屈服强度可达210～500 MPa,抗拉强度可达380～550 MPa,比强度较高,是一种典型的轻质高强材料。铝合金延伸性好,硬度低,可锯可刨,可通过热轧、冷轧、冲压、挤压、弯曲、卷边等加工制成不同尺寸、不同形状和截面的型材。

铝合金进行着色处理(氧化着色或电解着色),可获得不同的色彩,常见的有青铜、棕、金等色。铝合金还可进行化学涂膜,用特殊的树脂涂料,在铝材表面形成稳定、牢固的薄膜,起着色和保护作用。

(三)铝合金装饰板材的应用

用于装饰工程的铝合金板材,其品种和规格很多。通常有银白色、古铜色、金色、红色、蓝色、灰色等多种颜色。一般常用于厨房、浴室、卫生间顶棚的吊顶和家具、操作台以及玻璃幕墙饰面等处的装饰装修。在现代建筑中,常用的铝合金制品有铝合金门窗,铝合金装饰板及吊顶,铝及铝合金波纹板、压型板、铝箔等,具有承重、耐用、装饰、保温、隔热等优良性能。

1. 铝合金装饰板

铝合金装饰板属于现代较为流行的建筑装饰板材,具有质量轻、不燃烧、耐久性好、施工方便、装饰效果好等优点。装饰工程中主要使用了铝合金花纹板及浅花纹板、铝合金压型板、铝合金穿孔板等铝合金装饰板。

(1)铝合金花纹板及浅花纹板。

铝合金花纹板采用防锈铝合金坯料,用特殊花纹的轧辗轧制而成。花纹美观大方,筋高适中,不易磨损,防滑性好,耐腐蚀性强,便于冲洗,通过表面处理可以获得各种颜色。花纹板板材平整,裁剪尺寸精确,便于安装,常用于现代建筑的墙面装饰以及楼梯踏步处。

以冷作硬化后的铝材为基础,表面加以浅花纹处理后得到的装饰板,称为铝合金浅花纹板。铝合金浅花纹板是优良的建筑装饰材料之一,其花纹精巧别致,色泽美观大方,同普通铝合金相比,刚度高出 20%,抗污垢、抗划伤、抗擦伤能力均有所提高,尤其是增加了立体图案和美丽的色彩,是我国特有的建筑装饰产品。

(2)铝合金压型板。

铝合金压型板重量轻、外形美、耐腐蚀好,经久耐用,安装容易,施工快速,经表面处理可得到各种优美的色彩,是现代广泛应用的一种新型建筑装饰材料。主要用于墙面装饰,也可用作屋面,用于屋面时,一般采用强度高、耐腐蚀性好的防锈铝制成。

(3)铝合金穿孔板。

铝合金穿孔板是用各种铝合金平板经机械穿孔而成。孔型根据需要有圆孔、方孔、长圆孔、三角孔等。这是近年来开发的一种降低噪声并兼有装饰效果的新产品。铝合金穿孔板材质轻、耐高温、耐高压、耐腐蚀、防火、防潮、防震，化学稳定性好，造型美观，色泽幽雅，立体感强，可用于宾馆、饭店、影院等公共建筑中，也可用于各类车间厂房、机房等作减噪材料。

2.铝箔

铝箔是用纯铝或铝合金加工成的厚度为0.002～0.006 3 mm的薄片制品，具有良好的防潮、绝热和电磁屏蔽的作用。建筑上常用铝箔布、铝箔泡沫塑料板、铝箔波形板以及铝箔牛皮纸等。铝箔牛皮纸多用作绝热材料；铝箔布多用在寒冷地区做保温窗帘、炎热地区做隔热窗帘以及太阳房和农业温室中做活动隔热屏；铝箔泡沫塑料板、铝箔波形板强度较高、刚度较好，常用于室内或者设备中，起装饰作用。

铝箔用在围护结构外表面，在炎热地区可以反射掉大部分太阳辐射能，产生“冷房效应”；在寒冷地区可减少室内向室外散热损失，提高墙体保温能力。

3.铝合金墙板

以防锈铝合金为基材，用氟炭液体涂料进行表面喷涂，经高温处理后制得。可用于现代办公楼、商场、车站、会堂、机场等公共场所的外墙装饰。

4.铝塑板

将表面经过氟化乙烯树脂处理过的铝片，用黏结剂覆贴到聚乙烯板上制得。具有耐腐性、耐污性和耐候性，有红、黄、蓝、白、灰等板面色彩，装饰效果好，施工时可弯折、截割，加工灵活方便。与铝合金板比，具有质量小、施工简便、造价低等特点。

第四节　建筑玻璃的检测与应用

一、玻璃的性质

玻璃是以石英砂、纯碱、长石和石灰石等为主要原料，经熔融成型、冷却固化而成的无机材料，是一种透明的无定形硅酸盐固体物质。

玻璃是一种典型的脆性材料，其抗压强度高，一般为600～1 200 MPa，抗拉强度很小,为 40～80 MPa,故玻璃在冲击作用下易破碎。脆性是玻璃的主要缺点。玻璃具有特别良好的透明性和透光性,透明性用透光率表示,透光率越大,其透明性越好。透明性与玻璃的化学成分及厚度有关。质量好的 2 mm 厚的窗用玻璃,其透光率可达 90%。所以广泛用于建筑采光和装饰,也可用于光学仪器和日用器皿。

玻璃的导热系数较低,普通玻璃耐急冷急热性差。

玻璃具有较高的化学稳定性,通常情况下对水、酸以及化学试剂或气体具有较强的抵抗能力,能抵抗除氢氟酸以外的各种酸类的侵蚀。但碱液和金属碳酸盐能溶蚀玻璃。

二、常用的玻璃

(一)普通平板玻璃

普通平板玻璃是指未经加工的平板玻璃制品,也称白片玻璃或净片玻璃,是建筑玻璃中用量最大的一种。主要用于普通建筑的门窗,起透光、挡风雨、保温和隔音等作用,同时也是深加工为具有特殊功能玻璃的基础材料。

1. 平板玻璃的规格

按照《平板玻璃》(GB 11614—2022)规定,平板玻璃按颜色分为无色透明平板玻璃和本体着色平板玻璃;按外观质量分为合格品、一等品和优等品。平板玻璃的公称厚度为 2 mm、3 mm、4 mm、5 mm、6 mm、8 mm、10 mm、12 mm、15 mm、19 mm、22 mm、25 mm。

2. 平板玻璃的允许偏差

平板玻璃的尺寸偏差、厚度偏差和厚薄差规定见表 5—10、表 5—11。

表 5—10 平板玻璃尺寸偏差

公称厚度/mm	尺寸偏差/mm	
	尺寸≤3 000	尺寸>3 000
2～6	±2	±3
8～10	+2,—3	+3,—4
12～15	±3	±4
19～25	±5	±5

表 5—11　厚度偏差和厚薄差

公称厚度/mm	厚度偏差/mm	厚薄差/mm
2～6	±0.2	0.2
8～12	±0.3	0.3
15	±0.5	0.5
19	±0.7	0.7
22～25	±1.0	1.0

3. 平板玻璃的质量标准

平板玻璃优等品、一等品、合格品的外观质量要求见《平板玻璃》(GB 11614—2022)的规定。

4. 平板玻璃的运输与存放

平板玻璃属于易碎品，在运输时，箱头朝向车辆运动方向，防止箱倾倒滑动。运输和装卸时箱盖朝上，垂直立放，不得倒放或斜放，并应有防雨措施。

玻璃应入库或入棚保管，并在干燥通风的库房中存放，防止发霉。玻璃发霉后产生彩色花斑，大大降低了光线的透射率。

(二)保温绝热玻璃

1. 吸热玻璃

吸热玻璃是既能吸收大量红外线辐射，又能吸收太阳的紫外线，还能保持良好光透过率的平板玻璃。吸热玻璃有灰色、茶色、蓝色、绿色等颜色。常见厚度为 3 mm、5 mm、6 mm、7 mm、8 mm 等规格。

当太阳光照射在吸热玻璃上时，相当一部分的太阳辐射能被吸热玻璃吸收(可达 70%以上)，因此，吸热玻璃可明显降低夏季室内的温度，避免由于使用普通玻璃而带来的暖房效应(即由于太阳能过多进入室内而引起室内温度升高的现象)，从而降低空调费用。同时，吸热玻璃吸收可见光的能力也较强，使室内的照度降低，使刺眼的阳光变得柔和、舒适。吸热玻璃除常用的茶色、灰色、蓝色外，还有绿色、古铜色、青铜色、金色、粉红色、棕色等。

吸热玻璃在建筑工程中应用广泛，可用于既需采光又需隔热之处，起隔热、防眩光、调节空气、采光及装饰等作用。

2.热反射玻璃

热反射玻璃既具有较高的热反射能力，又能保持良好的透光性能，又称镀膜玻璃或镜面玻璃。热反射玻璃是在玻璃表面用热解、蒸发、化学处理等方法喷涂金、银、铜、铬、铁等金属或金属氧化物薄膜而成。热反射玻璃的颜色有金色、茶色、灰色、紫色、褐色等多种颜色。其反射率为30%～40%，因而常用它制成中空玻璃或夹层玻璃，以增加其绝热性能。

热反射玻璃的装饰性好，具有单向透像作用，即白天能在室内看到室外景物，而看不到室内景物，对建筑物的内部起到遮蔽和帷幕的作用。还有良好的耐磨性、耐化学腐蚀性和耐候性，高层建筑的幕墙用得较多。

3.中空玻璃

中空玻璃由两片或多片平板玻璃构成，用边框隔开，四周边缘部分用密封胶密封，玻璃层间充有干燥气体或其他惰性气体。中空玻璃使用的玻璃原片有平板玻璃、吸热玻璃、热反射玻璃等。玻璃原片厚度通常为3 mm、4 mm、5 mm、6 mm，空气层厚度一般为6 mm、9 mm、12 mm。

中空玻璃的颜色有无色、茶色、蓝色、灰色、紫色、金色、绿色等。中空玻璃的特性是保温绝热、节能性好，隔声性能优良，一般可使噪声下降30～40 dB，即能将街道汽车噪声降低到学校教室的安静程度，并能有效地防止结露。中空玻璃的露点很低，在通常情况下，中空玻璃接触室内高湿度空气的时候，玻璃表面温度较高，而外层玻璃虽然温度低，但接触的空气湿度也低，所以不会结露。

中空玻璃主要用于需要采暖、安装空调，防止噪声、结露及需要无直射阳光和需特殊光线的建筑物，如住宅、饭店、宾馆、办公楼、学校、医院、商店等。

绝热玻璃的工艺过程、特点和用途见表5—12。

表5—12 绝热玻璃的工艺工程、特点和用途

品种	工艺过程	特点	用途
热反射玻璃	在玻璃表面涂以金属或金属氧化膜、非金属氧化膜	具有较高的热反射性能，同时保持良好的透光性能	多用于制造中空玻璃或夹层玻璃
吸热玻璃	在玻璃中引入有着色作用的氧化物，或在玻璃表面喷涂着色氧化物	能吸收大量红外线辐射，同时能保持良好可见光透过率	适用于既需要隔热又需要采光的部位，如商品陈列窗、冷库、机房等

续表

品种	工艺过程	特点	用途
光致变色玻璃	在玻璃中加入卤化银，或在玻璃夹层中加入感光化合物	在太阳或其他光线照射时，玻璃的颜色随光线增强渐渐变暗，当停止照射又恢复原来颜色	主要用于汽车和建筑物上
中空玻璃	用两层或两层以上的平板玻璃，四周封严，中间充入干燥气体	具有良好的保温、隔热、隔声性能	用于需要采暖、安装空调，防止噪声及无直射光的建筑，广泛用于高级住宅、饭店、办公楼、学校等

(三)安全玻璃

安全玻璃是指具有良好安全性能的玻璃。普通玻璃属脆性材料，当外力超过一定数值时就会破碎成为棱角尖锐的碎片，容易造成人身伤害。为减少玻璃的脆性，提高其强度，常采用物理、化学、夹层、夹丝等方法将普通玻璃加工成安全玻璃。加工后的安全玻璃主要特征是力学强度较高，抗冲击能力较好。被击碎时，碎块不会飞溅伤人，并兼有防火的功能。安全玻璃包括钢化玻璃、夹丝玻璃、夹层玻璃。

1.钢化玻璃

钢化玻璃又称强化玻璃，它是利用加热到一定温度后迅速冷却的方法或化学方法进行特殊钢化处理的玻璃。它的力学强度比未经钢化的玻璃要大 4～5 倍，抗冲击性能好、弹性好、热稳定性高，当玻璃破碎时，裂成圆钝的小碎片，不致伤人。钢化玻璃的厚度有 4 mm.5 mm、6 mm、8 mm 10 mm、12 mm 15 mm、19 mm 等尺寸。根据外观质量等方面的测定结果，分为优等品和合格品两个等级。外观质量测定的缺陷主要有爆边、划伤、棱角、夹钳伤、结石、裂纹、波筋、气泡等。

钢化玻璃可用作高层建筑物的门窗、幕墙、隔墙、商店橱窗、架子隔板等。但是钢化玻璃不能任意切割、磨削，边角不能碰击，不能现场加工，使用时只能选择现有规格尺寸的成品，或提供具体设计图纸加工定做。

2.夹丝玻璃

夹丝玻璃也称防碎玻璃或钢丝玻璃，是预先将编织好的钢丝网压入已软化的红热玻璃中制成的玻璃。其表面可以是磨光或压花，颜色可以是透明或彩色的，抗折强度高、防火性能好，在外力作用和温度剧变时破而不散，即使有许多裂缝，其碎片仍能附着在钢丝上，不致四处飞溅而伤人。当火灾蔓延，夹丝玻璃受热炸裂时，仍能保持完整，起到隔热火焰的作用，所以也称防火玻璃。

夹丝玻璃厚度一般为 3～19 mm，根据是否有气泡、花纹变形、异物、裂纹、磨伤等外观质量方面的测定结果，分为优等品、一级品和合格品三个等级。

夹丝玻璃与普通平板玻璃相比，具有耐冲击性、耐热性好及防火性的优点，在外力作用和温度急剧变化时破而不裂、不散，且具有一定的防火性能。多用于公共建筑的阳台、楼梯、电梯间、厂房天窗、各种采光屋顶和防火门窗等。

3. 夹层玻璃

夹层玻璃是两片或多片平板玻璃之间嵌夹透明塑料(聚乙烯醇缩丁醛)薄衬片，经加热、加压黏合成平面或曲面的复合玻璃制品。夹层玻璃的层数有 2、3、5、7 层，最多可达 9 层。根据是否有胶合层气泡、胶合层杂质、裂痕、爆边等外观质量方面的测定结果，分为优等品和合格品两个等级。夹层玻璃具有较高的强度，受到破坏时产生辐射状或同心圆裂纹和少量玻璃碎屑，碎片仍黏结在膜片上，不会伤人，同时不影响透明度，不产生折光现象。它还具有耐久、耐热、耐湿、耐寒和隔音等性能，主要用于有特殊安全要求的门窗、隔墙、工业厂房的天窗以及某些水下工程等。

(四)装饰玻璃

1. 压花玻璃

压花玻璃是将熔融的玻璃液在冷却过程中，通过带图案的花纹相轴连续对辐压延而成。可一面压花，也可两面压花。其颜色有浅黄色、浅蓝色、橄榄色等。喷涂处理后的压花玻璃，一方面立体感强，可增强图案花纹的艺术装饰效果，另一方面强度可提高 50％～70％。压花玻璃具有透光不透视、艺术装饰效果好等特点，常用于办公室、会议室、浴室、卫生间等的门窗和隔断，安装时应将花纹朝向室内。

2. 有色玻璃

有色玻璃又称颜色玻璃、彩色玻璃，分透明和不透明两种。透明颜色玻璃是在原料中加入着色金属氧化物使玻璃带色。不透明颜色玻璃是在一定形状的玻璃表面喷以色釉，经过烘烤而成。它具有耐腐蚀、抗冲刷、易清洗等特点，并可拼成图案、花纹，适用于门窗及对光有特殊要求的采光部位和装饰内外墙面。不透明颜色玻璃也叫饰面玻璃。经退火处理的饰面玻璃可以裁切；经钢化处理的饰面玻璃不能进行裁切等再加工。

3.磨砂玻璃

磨砂玻璃是一种毛玻璃，它是用硅砂、金刚石、石榴石粉等研磨材料加水，采用机械喷砂、手工研磨或氢氟酸溶蚀等方法，把普通玻璃表面处理成均匀毛面而成。它具有透光不透视，使室内光线不炫目、不刺眼的特点。多用于建筑物的卫生间、浴室、办公室等的门窗及隔断。

(五)平板玻璃的工艺过程、特点和、用途

平板玻璃的工艺过程、特点和用途见表5—13。

表5—13　平板玻璃的特点和用途

品种	工艺过程	特点	用途
普通窗用玻璃	未经研磨加工	透明度好，板面平整	用于建筑门窗装配
磨砂玻璃	用机械喷砂和研磨方法处理	表面粗糙，使光产生漫射，有透光不透视的特点	用于卫生间、厕所、浴室的门窗
压花玻璃	在玻璃硬化前用刻纹的滚筒面压出花纹	折射光线不规则，透光不透视，	用于宾馆、办公楼、会议室的门窗
透明彩色玻璃	在玻璃的原料中加入金属氧化物而带色	耐腐蚀、抗冲、易清洗	用于灯罩、花瓶、门窗
不透明彩色玻璃	在一面喷以色釉，再经烘制而成	耐腐蚀、抗冲、易清洗	用于建筑物内外墙面、门窗及对光波作特殊要求的采光部位
钢化玻璃	加热到一定温度后迅速冷却或用化学方法进行钢化处理的玻璃	强度比普通玻璃大3～5倍，抗冲击性及抗弯性好，耐酸碱侵蚀	用于建筑的门窗、隔墙、幕墙，汽车窗玻璃、汽车挡风玻璃、暖房
夹丝玻璃	将预先编好的钢丝网压入软化的玻璃中	破碎时，玻璃碎片附在金属网上，具有一定防火性能	用于厂房天窗、仓库门窗、地下采光及防火门窗
夹层玻璃	两片或多片平板玻璃中嵌夹透明塑料薄片，经加热而成的复合玻璃	透明度好，抗冲击机械强度高，碎后安全，耐火、耐热、耐湿、耐寒	用于汽车、飞机的挡风玻璃，防弹玻璃和有特殊要求的门窗、工厂厂房的天窗及一些水下工程

三、常用玻璃制品的应用

(一)玻璃空心砖

玻璃空心砖一般是由两块压铸成凹形的玻璃经熔结或胶结成整块的空心砖，砖面可为光滑平面，也可在内外压铸多种花纹。砖内腔可为空气，也可填充玻璃棉等。玻璃空心砖一般厚度为 20～160 mm，短边长度为 1 200 mm、800 mm 及 600 mm。玻璃空心砖具有透光不透视.抗压强度较高，保温隔热性、隔声性、防火性、装饰性好等特点，可用来砌筑透光墙壁、隔断、门厅、通道等。

(二)玻璃马赛克

玻璃马赛克又称玻璃锦砖或锦玻璃，是一种小规格的饰面玻璃。其颜色有红、黄、蓝、白、黑等多种。玻璃马赛克具有色调柔和、美观大方、化学稳定性好、冷热稳定性好、不变色、易清洗、便于施工等优点。适用于宾馆、医院、办公楼、礼堂、住宅等建筑的内外墙饰面。

(三)光栅玻璃

光栅玻璃有两种：一种是以普通平板玻璃为基材；另一种是以钢化玻璃为基材。前一种主要用于墙面、窗户、顶棚等部位的装饰。后一种主要用于地面装饰。此外，也有专门用于柱面装饰的曲面光栅玻璃，专门用于大面积幕墙的夹层光栅玻璃、光栅玻璃砖等产品。光栅玻璃的主要特点是具有优良的抗老化性能。

(四)玻璃幕墙

玻璃幕墙是现代建筑的重要组成部分，是以铝合金型材为边框、玻璃为内外复面，其中填充绝热材料的复合墙体。目前，玻璃幕墙所采用的玻璃已由浮法玻璃、钢化玻璃等较为单一品种，发展到吸热玻璃、热反射玻璃、中空玻璃、夹层玻璃、釉面钢化玻璃等。其优点是轻质，绝热、隔声性好，可光控以及具有单向透视以及装饰性能好。在玻璃幕墙中大量采用热反射玻璃，将建筑物周围景物及蓝天、白云等自然现象都反映到建筑物表面，使建筑物外表情景交融、层层交错，产生变幻莫测的感觉。近看景物丰富，远看又有熠熠生辉、光彩照人的效果。使用玻璃幕墙代替不透明的墙壁，使建筑物具有现代化气息，更具有轻快感和机能美，营造一种积极向上的空间气息。

玻璃制品的工艺过程、特点和用途见表5－14。

表5－14　玻璃制品的工艺过程、特点和用途

品种	工艺过程	特点	用途
玻璃空心砖	由两块压铸成凹形的玻璃经熔接或胶结而成的空心玻璃制品	具有较高的强度，绝热隔声、透明度高、耐火等	用来砌筑透光的内外墙壁、分隔墙、地下室、采光舞厅地面及装有灯光设备的音乐舞台等
玻璃马赛克	由乳浊状透明玻璃质材料制成的小尺寸玻璃制品拼贴于纸上成联	具有色彩柔和、朴实典雅、美观大方、化学稳定性好、热稳定性好、易洗涤等特点	适于宾馆、医院、办公楼、住宅等外墙饰面

参考文献

[1]黄春蕾,李书艳,杨转运.市政工程施工组织与管理[M].重庆:重庆大学出版社,2021:25—27.

[2]刘亚臣,包红霏.工程项目融资[M].3版.北京:机械工业出版社,2021:36—41.

[3]经丽梅.建筑工程资料管理一体化教学工作页[M].重庆:重庆大学出版社,2021:49—54.

[4]王晓玲,高喜玲,张刚.安装工程施工组织与管理[M].镇江:江苏大学出版社有限责任公司,2021:13—17.

[5]经宏启,陈赛红,李小明.工程经济管理[M].合肥:安徽大学出版社,2019:69—71.

[6]韩少男.工程项目管理[M].北京:北京理工大学出版社,2019:11—17.

[7]肖凯成,郭晓东,杨波.建筑工程项目管理[M].北京:北京理工大学出版社,2019:46—49.

[8]徐晓林.工程物资管理实务[M].合肥:安徽大学出版社,2019:79—81.

[9]黎小刚,王蕾.建设工程物资[M].合肥:安徽大学出版社,2019:62—65.

[10]吕时礼.国际贸易与海外项目物资管理[M].合肥:安徽大学出版社,2019:22—29.

[11]卜良桃,曾裕林,曾令宏.土木工程施工[M].武汉:武汉理工大学出版社,2019:67—68.